Bulletin tri-mensuel du Congrès national vétérinaire de 1900
Paraissant le 10, le 20 et le 30 de chaque mois.

1er SEPTEMBRE 1900

Congrès national Vétérinaire de 1900

LES VIANDES IMPROPRES
A
L'ALIMENTATION HUMAINE

Justification des motifs de saisie
Nécessité d'une réglementation uniforme

RAPPORT

PRÉSENTÉ

Par M. Ch. MOROT
Vétérinaire municipal et Directeur de l'abattoir de Troyes,
Ex-inspecteur des viandes de la ville de Paris et du département de la Seine.

ANGERS
SCHMIT ET SIRAUDEAU, IMPRIMEURS-LIBRAIRES
ANCIENNE MAISON LACHÈSE ET Cie
4, Chaussée Saint-Pierre, 4

1900

Bulletin tri-mensuel du Congrès national vétérinaire de 1900
Paraissant le 10, le 20 et le 30 de chaque mois.

1er SEPTEMBRE 1900

Congrès national Vétérinaire de 1900

LES VIANDES IMPROPRES
A
L'ALIMENTATION HUMAINE

Justification des motifs de saisie
Nécessité d'une réglementation uniforme

Par M. Ch. MOROT
Vétérinaire municipal et Directeur de l'abattoir de Troyes,
Ex-inspecteur des viandes de la ville de Paris et du département de la Seine

ANGERS
SCHMIT ET SIRAUDEAU, IMPRIMEURS-LIBRAIRES
ANCIENNE MAISON LACHÈSE ET Cie
4, Chaussée Saint-Pierre, 4
1900

LES VIANDES IMPROPRES

A

L'ALIMENTATION HUMAINE

Justification des motifs de saisie. — Nécessité d'une réglementation uniforme

PREMIÈRE PARTIE

Les motifs de saisie des viandes et leur justification

INTRODUCTION

Les animaux reconnus impropres à la consommation avant ou après l'abatage

Les animaux présentés aux abattoirs peuvent être exclus de la consommation avant ou après l'abatage, selon les cas. Les sujets refusés sur pied ou vivants subissent, suivant les circonstances, deux destinations différentes : tantôt ils sont d'office saisis et détruits, par exemple, en cas de peste bovine, morve et farcin des équidés, maladies charbonneuses et rage (art. 42 du code rural) ; tantôt ils sont remis aux intéressés qui doivent les sortir de l'abattoir, pour les rendre propres à la boucherie en les nourrissant quelque temps s'ils sont trop jeunes ou trop maigres, pour les soigner s'ils ont une maladie curable, pour les faire travailler s'ils peuvent encore rendre des services.

Dans certaines localités, l'abatage est imposé aux animaux atteints ou suspects d'une maladie non soumise aux prescriptions de police sanitaire, notamment à celles de l'article 42 du code rural. Cette mesure est appliquée, par exemple, en cas de tétanos, de ladrerie; alors elle n'est guère justifiable en droit que si, en vertu des règlements locaux, aucun animal ne peut sortir vivant des abattoirs. Elle ne comporte aucune difficulté lorsqu'une bête est amenée, dans un état morbide douteux ou confirmé, et que le propriétaire est décidé d'avance à subir les conséquences de l'abatage, quelles qu'elles soient. Dans ces conditions, il faut se garder de refuser les animaux sur pied sous prétexte de maladie, de maigreur; il y a lieu, au contraire, de les laisser abattre comme l'a demandé M. Andrieu (de Beauvais) au Congrès vétérinaire de 1897, en motivant son opinion sur les raisons suivantes (1) : La vache étique, exclue sur pied d'un abattoir urbain pour maigreur excessive, rentre bien rarement chez son propriétaire en sortant de la ville. Neuf fois sur dix elle est achetée à vil prix par un maquignon, qui la fait sacrifier dans une tuerie non surveillée et consommer à la campagne. En cas de maladie même mal définie, il s'agit généralement d'une affection grave, incurable dont le propriétaire ne tentera pas la guérison, et l'animal sera débité en basse boucherie dans une localité non inspectée. Si cette bête *mauvaise tombe* relativement *bonne* après l'abatage à la campagne, la viande est souvent ramenée en ville où elle est estampillée par l'inspecteur qui a interdit l'abatage; les bouchers font alors passer le vétérinaire pour un ignorant ou un incapable.

M. Andrieu se base sur ces faits pour demander que le paragraphe suivant soit ajouté au règlement des motifs de saisie : « Les animaux ne devront être refusés vivants dans les abattoirs

(1) D'après un arrêt du Conseil d'État du 18 février 1898 (requête des bouchers de Melun), les dispositions réglementaires relatives à l'exclusion des animaux de l'abattoir pour cause de maigreur n'excèdent pas les pouvoirs d'un maire en ce qui touche la bonne tenue de cet établissement et la salubrité.

que pour insuffisance d'âge ou de poids. » Cet article n'a pu être discuté en séance faute de temps. (*P. V. Congrès*, pp. 111-113.)

CHAPITRE PREMIER

Refus des animaux de boucherie sur pied

Le diagnostic des maladies ou des états anormaux des bêtes présentées aux abattoirs s'effectue généralement dans des conditions plus ou moins inégales, selon que la visite a lieu avant ou après l'abatage. Certaines affections, comme le tétanos, se manifestent clairement sur le sujet vivant et ne peuvent être dévoilées sur le cadavre, faute de lésions visibles ; la rage n'est pas révélée à l'autopsie avec une netteté suffisante, à première vue tout au moins, et n'est bien reconnue que pendant la vie. Quelques formes de charbon, de morve, de farcin, la clavelée, et les maladies externes se manifestent avec plus d'évidence et se distinguent mieux avant qu'après la mort. La ladrerie se reconnaît plus souvent sur le cadavre que du vivant de l'animal.

Pour l'instant, je m'occuperai seulement de certains motifs invoqués dans divers abattoirs pour le refus des animaux sur pied, notamment des suivants : 1° Ladrerie reconnue par le langueyage ; 2° Maigreur ou amaigrissement prononcé ; 3° Vieillesse avancée ou sénilité ; 4° Fatigue ou défaut de repos ; 5° Excitation sexuelle normale ou chaleurs ; 6° Excitation sexuelle anormale ou nymphomanie ; 7° État de gestation ; 8° Mise bas ou avortement ; 9° Lactation ; 10° Faculté de reproduction sexuelle ; 11° Émasculation récente et castration tardive ; 12° et 13° Saison chaude ou estivale pour les porcs et les chevaux ; 14° Tumeurs mélaniques extérieures et robe blanche chez le cheval ; 15° Crapaud et Eaux aux jambes du cheval ; 16° Tétanos ; 17° Limite d'âge ; 18° Gale ovine et caprine ; 19° Clavelée ;

20° Fièvre aphteuse ; 21° Rouget du porc ; 22° Médication par des substances odorantes ou nuisibles.

1° Ladrerie du porc reconnue par le langueyage

La ladrerie du porc est rarement constatée du vivant de l'animal. Les prétendus symptômes signalés comme caractéristiques de cette affection sont obscurs et contestés ; tout au plus pourraient-ils s'expliquer au début même de l'infestation musculaire ou à la période ultime de la maladie poussée à un degré extrême. Le diagnostic n'est possible que si des cysticerques sont accessibles à la vue, assez souvent à la surface de la langue, parfois sous la conjonctive et plus rarement sous la muqueuse de l'anus. Le seul moyen employé à cet effet consiste à rechercher les vésicules sublinguales par le langueyage ; mais il est loin de mériter une confiance absolue, car la ladrerie se rencontre bien souvent à l'abatage sur des porcs qui, sur pied, n'avaient rien présenté d'anormal à la langue, soit que les grains aient manqué naturellement, soit qu'ils aient été enlevés par l'épinglage. Exclusivement appliqué autrefois par des langueyeurs officiels, ce procédé a presque entièrement disparu des prescriptions de l'autorité et il n'est plus guère pratiqué que comme base de contrôle dans les transactions entre vendeurs et acheteurs. Aux abattoirs de Montpellier et de Toulon, les règlements respectifs de 1885 et 1887 interdisent de tuer les porcs reconnus ladres sur pied par des langueyeurs municipaux et prescrivent de les remettre aux propriétaires.

En août 1898, le Syndicat général de la charcuterie française a adressé le questionnaire suivant à environ 1,500 maires de France : 1° Les porcs ladres *vivants* et exposés en vente dans votre ville sont-ils saisis par le service de votre inspection vétérinaire ? 2° Dans quelles conditions la saisie s'opère-t-elle ? 3° Si les porcs ladres ne sont pas saisis vivants sur vos marchés, de quelles garanties vous entourez-vous pour empêcher leur écoulement dans la consommation ?

Dans les 334 réponses envoyées, le Syndicat trouve les renseignements ci-dessous mentionnés :

Les porcs reconnus ladres vivants sont saisis aux abattoirs à Montpellier et à Sedan ; ils sont exclus à Vauvert (Gard) et au Vigan. Ils ne peuvent être vendus sur les marchés à Bordeaux (marqués au feu du mot ladre sur le dos) et à Limoges ; ils en sont expulsés également et remis aux propriétaires à Aubenas (Ardèche), Beaucaire, Castres, La Châtre, Crest (Drôme), Largentière, Marvejols, Pont-Saint-Esprit, Revel (Haute-Garonne), Rodez, Saint-Flour, Saint-Hippolyte-du-Fort (Gard), Soissons et Le Vigan.

Les porcs trouvés atteints de ladrerie sur les marchés sont saisis aux Andelys, à Belfort, à Châteaudun (conduits aussitôt au clos d'équarrissage), à Château-Gontier, Commercy, Die, Fougères, Guéret, Laval, Lodève, Lons-le-Saunier, Marmande, Mirepoix (Ariège), Montbéliard, Montfort-sur-Mer (Ille-et-Vilaine), Murat, Nice, Nancy, Pau, Riom, Romorantin, Ruelle (Charente), Saint-Valliers-sur-Rhône (Drôme), Thonon-les-Bains, Valognes, Valence, Vence (Alpes-Maritimes), Vouziers. Ils ne sont saisis que sur réquisition à Bourg-de-Péage (Drôme) et à Chazelles-sur-Lyon (Loire).

A Brou (Eure-et-Loir), Chauny (Aisne), Coutances, Lavavex-les-Mines (Creuse), Mer (Loir-et-Cher), Nogent-sur-Seine et Saint-Lô, les porcs seraient saisis sur les marchés s'ils étaient reconnus ladres sur pied, mais le cas ne s'est jamais présenté. A Lorient, on agirait de même s'il y avait un marché. Les porcs reconnus ladres vivants sont mis en fourrière à Honfleur ; ils seraient traités de même à la Chartre-sur-le-Loir (Sarthe) si le cas se présentait.

Dans une circulaire en date du 16 septembre 1819, le Ministre de l'Intérieur recommandait aux Préfets de faire visiter par des vétérinaires les porcs amenés sur les marchés et de ne permettre la vente de ceux reconnus ladres que dans un lieu désigné à cet effet, afin de ne pas exposer les acheteurs et les consommateurs à être trompés.

En 1880, Colin, d'Alfort, demandait l'adjonction de la ladrerie et de la trichinose à la liste des maladies contagieuses inscrites dans l'article 1er du projet de loi relatif à la police sanitaire des animaux, en se basant sur les motifs suivants : Transmissible à l'homme (sans l'être à l'animal), sous forme d'affection intestinale, la ladrerie est sûrement reconnaissable pendant la vie par l'inspection de la langue sans aucune contestation. Elle entraînerait l'interdiction de la vente du sujet ladre, mais le propriétaire aurait la faculté de le conserver après avoir fait la déclaration et pourrait le consommer sans danger après salaison ou cuisson. « Contagieuse d'animal à animal par les déjections et à l'homme par l'ingestion de la chair crue, imparfaitement cuite ou même récemment salée », dit Colin, la trichinose devrait prendre place dans la loi sanitaire à cause des dangers qu'elle peut faire courir aux populations. On pourrait la reconnaître sûrement par l'examen des excréments intestinaux dans les premiers temps et par le harponnage des muscles plus tard. Dès lors, il suffirait d'interdire la vente des animaux malades. Le propriétaire resterait libre d'en consommer la viande et il le ferait sans le moindre inconvénient en la soumettant à une cuisson complète.

A la séance du 6 mars 1881, sur la proposition de Leclerc, appuyée par Quivogne, la Société de Médecine vétérinaire de Lyon et du Sud-Est décidait à l'unanimité de demander l'inscription de la trichinose et de la ladrerie du porc dans la liste des maladies visées par le projet de loi sur la police sanitaire des animaux.

Il y a quelques années, le Préfet de Police eut l'intention d'instituer des langueyeurs officiels au marché aux bestiaux de la Villette et de demander le classement de la ladrerie parmi les maladies contagieuses des animaux, visées par la loi du 21 juillet 1881. Il consulta à ce sujet le professeur Nocard qui exprima un avis contraire, résumé dans les lignes suivantes :

Le langueyage pourrait être imposé à tous les porcs s'il permettait de reconnaître chaque cas de ladrerie. Il est incapable de conduire à ce résultat : aussi arriverait-il que des sujets, garantis non ladres par l'estampille du langueyeur du marché, seraient saisis aux abattoirs quand la viande serait farcie de cysticerques. Les acheteurs, déçus par de pareilles surprises, ne manqueraient pas d'adresser des réclamations à l'Administration qui ne leur aurait offert qu'une sécurité trompeuse avec le langueyage. A l'heure actuelle, aucune disposition légale n'autorise la saisie, la séquestration ou la mise en surveillance des porcs reconnus ladres par les langueyeurs. La loi du 27 mars 1851 n'en permet pas la confiscation sur pied, même quand ils sont destinés à la boucherie (Arrêt de la Cour de Cassation, 8 février 1853.) Il est donc inutile de rendre le langueyage obligatoire. Ce procédé de diagnostic devrait même être interdit au marché de la Villette, car dans les conditions actuelles il a pour seul résultat d'éloigner les porcs ladres des abattoirs surveillés où ils seraient saisis, et de les diriger sur les tueries suburbaines où on peut, en toute sécurité, les transformer en cervelas, saucissons et autres préparations plus ou moins mal cuites dans lesquelles la constatation du cysticerque est devenue pratiquement impossible. La ladrerie n'est pas contagieuse : le porc qui en est atteint ne la transmet jamais au porc sain. Comme la loi du 21 juillet 1881 est exclusivement destinée à combattre ou à prévenir l'extension des maladies contagieuses des animaux, il n'y a aucune chance d'obtenir des pouvoirs publics l'adjonction de la ladrerie porcine à la liste des maladies auxquelles s'appliquent les dispositions de ladite loi.

Dans le mémoire résumé ci-dessus, Nocard a parfaitement défini l'état de la question. Déjà, en 1884, Galtier avait démontré la nécessité de l'acceptation — sur les marchés — des porcs vivants soupçonnés de ladrerie et la nécessité non moins évidente de l'envoi aux abattoirs des porcs reconnus ladres sur pied : la saisie était ainsi sûrement opérée dans ces établissements si l'existence de la ladrerie était confirmée après l'abatage. En 1890, E. Pion demandait l'institution de langueyeurs officiels chargés de reconnaître les porcs ladres sur les marchés, et de les signaler aux inspecteurs qui séquestreraient ces animaux pour les faire tuer sur place et les saisir.

En mars 1897, au *Congrès de la Charcuterie française*, plusieurs membres ont réclamé le langueyage obligatoire ; mais cette demande a été repoussée, en raison des fraudes éventuelles (épinglage, etc.) et de la possibilité de l'absence spontanée des cysticerques à la surface de la langue. L'Assemblée a ensuite

Ligne de conduite. — Tous les porcs reconnus ladres sur pied devraient être sequestrés et abattus dans un abattoir surveillé, surveillé en vertu d'une loi.

reconnu la nécessité de la saisie de tous les porcs reconnus ladres sur pied dans les marchés; j'ai approuvé cette proposition dans le *Répertoire vétérinaire* de 1897.

* * *

La ladrerie et la trichinose ne sont pas les seules maladies, dont on ait réclamé l'adjonction à la nomenclature des affections reconnues légalement contagieuses. Le 28 mai 1895, le Dr Vallin a demandé à l'Académie de Médecine s'il ne conviendrait pas d'inscrire la septico-pyémie et certaines diarrhées infectieuses ou septiques du veau jeune, compliquées ou non de pneumonie, dans la liste des maladies réputées contagieuses de la loi du 21 juillet 1881 et du décret du 28 juillet 1888, à côté du charbon symptomatique et de la tuberculose.

A la séance du 4 juin 1895, Nocard a combattu cette proposition par les arguments ci-dessous résumés : La septico-pyémie et l'entérite diarrhérique n'ont pas plus leur place dans la loi et le décret précités que la ladrerie, la trichinose, la septicémie gangréneuse, les accidents de parturition, etc., quoique toutes ces maladies rendent les viandes dangereuses pour la consommation. Dans les localités pourvues d'une inspection de boucherie, il a été établi une nomenclature des maladies, accidents ou altérations de toutes sortes entraînant la saisie des viandes. Les affections visées figurent dans cette liste; elles sont du ressort de l'hygiène publique et non de la police sanitaire des animaux. S'il existe une lacune à ce sujet, il faut la chercher ailleurs que dans la loi du 21 juillet 1881. Celle-ci a pour but de défendre les animaux de la contagion de quelques maladies; elle ne rend que des services subsidiaires à l'hygiène publique, en préservant les consommateurs des dangers de certaines viandes.

2° Maigreur ou amaigrissement prononcé

France. — L'exclusion des abattoirs est appliquée aux animaux *maigres* à Constantine et à Montauban 1886, à Carcassonne et à Nîmes 1888, etc. ; aux chevaux *maigres* par suite d'épuisement, de vieillesse, soit par suite de surmenage ou de manque de nourriture, à Saint-Quentin 1889 et à Bohain 1893, etc. A Pont-à-Mousson 1892, il est interdit d'abattre des animaux *très maigres* d'un rendement supposé inférieur à 40 p. 0/0. C'est peut-être pour un motif analogue que la même interdiction a lieu à Marseille 1894, et à Sueca 1877, pour les porcs pesant moins de 60 kilog. vivants. Les sujets *trop maigres* sont exclus de l'abattoir à Reims 1887, à Epinal 1888, au Havre 1891, etc. Il en est pareillement des animaux *maigres* à Perpignan 1874, à Constantine et à Montauban en 1886, à Carcassonne et à Nîmes 1888, etc. ; des bêtes en état de *maigreur excessive* à Auch 1885, etc. ; des chevaux en état d'*extrême amaigrissement* à Saint-Etienne 1880, etc.

Étranger. — Il est défendu d'abattre des bêtes *maigres* ou *trop maigres* à Alicante 1883, Jaen 1892, Ferrol 1893 ; à Lisbonne 1870, Porto 1879, Guardia 1880, Castello-Branco 1894 et Coimbre 1890 (1) ; à Braila 1888 ; à Pérouse 1867 et Catane 1877.

A mon avis, les substantifs *maigreur*, *amaigrissement* et l'adjectif *maigre* sont des termes trop vagues, pour indiquer le motif du rejet d'un animal sur pied ou de la saisie d'une viande. Je ne les conçois propres à donner des indications de ce genre que lorsqu'ils sont accompagnés d'un mot, qui en complète le sens pour préciser exactement le degré de l'état qu'ils veulent désigner. Ainsi maigre signifie : « *qui a peu de graisse* » et maigreur : « *état d'un corps maigre* » ; *amaigrissement* veut dire : « *diminu-*

(1) Dans ces cinq villes de Portugal l'abatage n'est pas autorisé pour « les bestiaux dits *de demi-viande* », c'est-à-dire ayant le système osseux très développé. En 1876, à Coimbre, il était interdit de tuer des bêtes bovines adultes pesant moins de 176 kilog.

tion d'embonpoint » et *amaigri*, « *devenu maigre* ». Un animal peut se trouver dans trois conditions différentes suivant qu'il est maigre, peu maigre ou très maigre, qu'il offre de la maigreur, un peu de maigreur on de la maigreur extrême. P. Canal critique avec raison les inspecteurs qui emploient comme synonymes les mots maigreur, étisie, hectisie, émaciation, marasme, consomption et atrophie. Pour Ostertag, l'*amaigrissement* est tout autre chose que la *maigreur* : il constitue un état pathologique caractérisé par la disparition de la graisse et l'atrophie des muscles ; la *maigreur* est au contraire un état physiologique observé sur les sujets en voie de développement, les mâles reproducteurs et les vaches très laitières.

Les causes susceptibles de provoquer l'amaigrissement des animaux sont relativement nombreuses. On en comprendra mieux l'action si l'on examine préalablement et d'une façon générale le travail de nutrition, dans les trois conditions différentes où il peut se présenter et qui sont indiquées ci-dessous : 1° Etat stationnaire du corps, sans augmentation ou diminution appréciable. Les acquisitions de l'organisme sont égales à ses pertes ; 2° accroissement du corps par le développement de toutes les parties ou par l'engraissement. Les apports des éléments osseux, adipeux ou autres de nouvelle formation prédominent sur les déperditions ; 3° diminution du poids due à la réparation imparfaite des pertes. Par suite d'apports insuffisants ou nuls, la désassimilation prend le dessus, les tissus s'usent et la masse du corps subit une réduction plus ou moins considérable.

Dans chaque espèce, l'accroissement ne peut s'effectuer sans un apport de matériaux supérieur aux chiffres des dépenses. Depuis sa naissance jusqu'à son développement complet, l'animal fixe plus de matières qu'il n'en laisse échapper. En s'ajoutant à la masse initiale, cet excès des entrées sur les sorties des substances donne lieu à un accroissement plus ou moins rapide. Cet accroissement acquiert son maximum d'activité dans les premiers temps de la vie et en particulier pendant la période d'allaitement. Il devient de moins en moins rapide à mesure que le sujet approche de l'âge adulte.

Une des principales causes d'amaigrissement est le régime

alimentaire insuffisant. L'insuffisance de nourriture est fort variable; elle peut aller jusqu'à la privation complète d'aliments. L'abstinence fait perdre aux animaux une partie considérable du poids du corps. Cette perte peut s'élever, avant la mort causée par ce régime, jusqu'à la moitié du poids primitif. La graisse se résorbe rapidement et change de teinte dans les points où elle persiste. Après avoir déjà perdu de son volume apparent par la résorption du tissu adipeux sous-cutané et interstitiel, le système musculaire s'atrophie réellement avec une grande rapidité. « Les muscles deviennent *secs, coriaces, peu nutritifs, indigestes;* leurs faisceaux primitifs tendent à perdre leurs stries lorsque la maigreur atteint ses dernières limites. Chimiquement ils sont très altérés, il n'y a plus de graisse, plus de sucs dans les interstices de leurs fibres et sans doute les matières extractives, l'osmazone ne s'y trouvent plus dans les proportions normales. » L'alimentation insuffisante des animaux mal entretenus et la diète imposée aux bêtes malades peuvent, à la longue, produire les mêmes effets et avoir les mêmes suites que l'abstinence. Comme celle-ci, faute d'une nourriture non proportionnée aux besoins et aux déperditions du corps, elles minent l'organisme, le conduisent fatalement à l'inanition et à la mort si elles ont fait perdre à l'animal la moitié de son poids initial. (G. Colin.)

Analyses de viande de bœuf par Leyder et Pyro

	MORCEAUX	Eau	Matière sèche	Chair musculaire	Graisse	Cendres calculées
Animal maigre	Cou	76.49	23.51	21.29	1.28	1 »
	Cuisse . . .	77.09	22.91	20.99	» 92	1 »
	Ventre . . .	77.53	22.47	20.69	» 78	1 »
	Côtes et aloyau	76.58	23.42	19.80	2.62	1 »
Animal demi-gras	Cou	77.93	22.03	20.02	» 95	1 »
	Cuisse . . .	74.98	25.02	20.02	4 »	1 »
	Ventre . . .	76.80	23.20	17.87	4.33	1 »
	Côtes et aloyau	70.60	29.40	20.40	7.96	1 »
Animal gras	Cou	76.15	23.85	20.03	2.82	1 »
	Cuisse . . .	73.26	26.74	19.98	5.76	1 »
	Ventre . . .	67.81	32.19	22.38	8.12	1 »
	Côtes et aloyau	67.35	32.65	18.79	12.85	1 »

Ces analyses démontrent clairement que les proportions d'eau et de graisse sont inversement proportionnelle.

Villain et Bascou font remarquer, d'après les analyses de Breunlin et de Wagner, 1° que la viande d'un animal gras et celle d'un animal très gras peuvent contenir respectivement, 40 et même 60 °/₀ en plus de substance animale sèche que la viande d'un animal non engraissé; 2° que dans un animal maigre, comparé à un gras, la proportion d'eau augmente tandis que la quantité de graisse diminue. La proportion d'eau pour 100 a pu varier à l'analyse, de 68 chez un mouton maigre à 33 chez un mouton gras. En somme, la viande maigre se compose principalement d'une quantité invariable d'os, de ligaments, d'aponévroses et d'un peu de tissu musculaire très faiblement nutritif. Cet état justifie amplement son manque plus ou moins complet de valeur marchande et le défaut d'estime dont elle jouit généralement. Villain et Bascou admettent que les bêtes maigres, qui quittent librement le marché de la Villette pour les tueries suburbaines, devraient être envoyées d'office aux abattoirs de Paris où elles seraient inspectées pour y être saisies à l'occasion (1). Galtier estime qu'il faut traiter les bêtes maigres sur pied de deux façons différentes : les malades doivent être abattues et saisies ; les non malades saisissables pour maigreur, mais susceptibles d'engraissement, peuvent être renvoyées.

Gonzalez Pizarro, professeur à l'Ecole vétérinaire de Léon, n'admet l'exclusion des abattoirs que pour les animaux à viande insalubre et non pour ceux à chair faiblement nutritive. En vue de faire cesser les conflits qui s'élèvent fréquemment entre inspecteurs et bouchers, au sujet de l'interdiction de l'abatage des animaux maigres en vigueur dans la plupart des abattoirs espagnols, il émet les propositions suivantes :

(1) Par une décision du Préfet de Police en date du 1er octobre 1891, les animaux maigres, rongés par l'étisie et censés, d'après les apparences, *n'avoir pas la moelle*, ne sortent du marché de la Villette qu'avec un laissez-passer qui est délivré après la vente. Cette pièce est destinée soit aux inspecteurs des abattoirs de Paris ou de la banlieue, soit aux commissaires des communes du département de la Seine ne possédant que des tueries. Elle doit être rapportée signée, dans les cinq jours, au marché de la Villette (Pion).

1° Toutes les bêtes, en bon état de santé, doivent être sacrifiées dans les abattoirs publics, quel que soit leur degré d'engraissement ; 2° elles doivent être classées en deux groupes, celui des sujets maigres et celui des sujets gras ; 3° la viande des animaux maigres doit se vendre approximativement la moitié du prix de vente de la viande des bêtes bien engraissées ; 4° la vente de la viande de faible valeur nutritive se fera dans des étaux spéciaux, selon le conseil donné par Morcillo, avec toutes les précautions convenables pour que cette marchandise ne puisse être achetée par les autres bouchers.

La quatrième proposition de Pizarro ne fait que consacrer un usage déjà admis dans plusieurs villes d'Espagne. On vend dans des étaux spéciaux les bovins et ovins insuffisamment engraissés à Sueca 1877 (avec l'étiquette viande maigre), les bovins et ovins de qualité inférieure et faiblement nutritifs à Pampelune 1884, les bêtes usées à Cordoue 1885, etc.

Ligne de conduite. — Dans la plupart des cas de maigreur prononcée et au moindre soupçon de maladie, il ne faut pas empêcher l'abatage des animaux. On saisit ensuite, s'il y a lieu.

3° Vieillesse avancée, sénilité

Dans plusieurs règlements, notamment dans celui du Havre 1891 (bœufs d'âge), et dans le décret italien du 3 août 1890, la vieillesse exagérée est un motif de refus des animaux pour la boucherie. Ces prescriptions ne sont pas pour surprendre ceux qui savent dans quel état se présentent à l'abattoir bon nombre d'animaux vieux. « Il est incontestable, dit Husson, que la viande provenant d'un vieil animal a perdu une partie de ses qualités ; elle est dure et se digère difficilement, mais en somme elle peut encore servir à l'alimentation ; seulement elle doit être vendue comme viande de qualité inférieure, à un prix en rapport avec ses qualités réelles. » Cette opinion s'explique facilement, lorsqu'on connaît les modifications suivantes survenues dans le corps des animaux à un âge avancé.

Une atrophie presque générale des tissus caractérise la vieillesse. Les métamorphoses atrophiques des parois stomacales et intestinales, du foie et du pancréas, la mastication imparfaite due à des irrégularités dentaires de forme ou de nombre rendent les digestions lentes et difficiles. La circulation du sang est entravée par la faiblesse d'action du cœur, les dilatations veineuses, les rétrécissements artériels et l'amoindrissement des capillaires. L'insuffisance de l'hématose provoquée par l'atrophie du tissu propre du poumon concourt avec l'embarras circulatoire, à laisser le sang imprégné de matières imparfaites et à le priver de ses qualités vivifiantes. En parcourant l'organisme, le liquide sanguin, incomplètement renouvelé et pour ainsi dire *veineux*, affaiblit encore les facultés digestives. Les sécrétions et les excrétions diminuent dans tout l'organisme. L'atrophie ganglionnaire et l'oblitération partielle des vaisseaux lymphatiques rendent l'absorption imparfaite. L'assimilation devenue moins prompte et moins complète, n'est plus en rapport avec les déperditions : le mouvement de décomposition l'emporte sur celui de composition et l'agrégat vivant tend peu à peu à se dissoudre. L'imperfection de la nutrition, due à l'affaiblissement des facultés digestives et à l'insuffisance de l'hématose, émacie les animaux en amincissant les muscles. La vieillesse développe des aptitudes morbides spéciales. Elle s'accompagne souvent d'hydropisies séreuses et cellulaires. La cachexie sénile est le dernier terme de la détérioration des fonctions organiques ; elle est caractérisée par la dessiccation des tissus.

Ligne de conduite. — En cas de sénilité, il faut tolérer l'abatage dans les mêmes conditions que pour les animaux en état de maigreur prononcée.

4° Fatigue ou défaut de repos

En 1832, dans un projet de règlement adressé à la municipalité de Madrid, Ventura de Pena y Valle recommandait de ne pas maltraiter les animaux avant de les abattre, mais de les sacrifier après un repos complet. Cette prescription forme l'objet de l'article 18 de l'ordonnance royale du 24 février 1859, sur l'inspection des viandes en Espagne ; elle est répété, dans la plupart des règlements municipaux des abattoirs de ce pays.

Dans leur projet de règlement de 1896, Remartinez et Moraleda reviennent sur cette question et demandent que les animaux soient amenés doucement aux abattoirs, pour prévenir l'accumulation du sang dans les réseaux capillaires.

Un repos est fixé par plusieurs règlements pour les animaux dans les conditions suivantes avant l'abatage : Il est de trois heures pour les animaux *échauffés* dans le canton de Zug 1873, de quatre heures pour tous les animaux à Tunis 1887, de douze heures pour toutes les bêtes bovines à Trieste 1888. Le temps de séjour à l'étable avant l'abatage des animaux échauffés par le transport ou très fatigués est ordonné sans indication de durée à Schneidemühl 1890, et avec une durée fixée selon les cas par l'inspecteur à Inowrazlau 1889 (Prusse). Dans la Hesse-Hombourg 1843, il est interdit de tuer des bêtes épuisées par la marche ou ayant la fièvre de fatigue, avant qu'elles soient revenues à l'état normal. L'article 31 du décret du 3 août 1890 sur la surveillance hygiénique des aliments en Italie est ainsi conçu : « Les animaux de boucherie qui ont été maltraités ne peuvent être abattus avant la guérison des lésions qu'ils ont ainsi contractées. Sont considérés comme mauvais traitements les marches forcées ou accélérées, le mauvais mode de transport par chemin de fer, les jeûnes, les exercices violents et les brutalités. » A Venise 1893, il est défendu de sacrifier des animaux gravement maltraités non encore rétablis. La même prohibition s'applique, à Udine (1872-1877), aux bêtes fatiguées à l'excès par de longues marches ou des courses rapides et forcées. A Brünn en Moravie (1882), les animaux échauffés par une longue marche ne peuvent être abattus qu'après un repos complet et doivent être bien saignés. A Pernambouc (1893), les bêtes fatiguées ne peuvent être sacrifiées qu'après un repos de deux jours.

Ligne de conduite. — Le repos obligatoire pour les animaux fatigués est une bonne mesure dont on ne saurait trop recommander l'emploi, sauf en cas de danger de mort imminente ou peu éloignée.

5° Excitation sexuelle normale ou chaleurs

La disqualification de la viande des animaux en chaleur est un fait acquis d'ancienne date. Elle était déjà mentionnée dans plusieurs statuts de la boucherie du moyen âge. Ces règlements prohibaient l'abatage des femelles en rut ou en *chasse* et maintenaient cette interdiction pendant neuf, quinze ou vingt-quatre jours consécutifs à cet état, selon l'espèce et le pays, c'est-à-dire le temps jugé nécessaire pour que les bêtes échauffées se refroidissent. Il défendaient d'abattre les taureaux, béliers et boucs, pendant une période annuelle correspondant à l'époque de la monte et d'une durée de un mois et demi, sept mois et neuf mois, selon les localités et les animaux.

L'influence pernicieuse du rut sur la viande est admise actuellement par plusieurs ordonnances sanitaires étrangères. Dans beaucoup de villes d'Espagne, il est interdit d'abattre des vaches et de sacrifier des taureaux ou des béliers à l'époque du rut ; le temps de la prohibition diffère et sa durée varie de trois à quatre mois et demi, selon les localités. Cette période peut commencer du 1er au 15 mai, soit au 1er juin et se terminer à la fin de juillet, d'août ou de septembre. A Trieste, les vaches, brebis et chèvres sont exclues de la consommation quand elles sont en chaleur.

Sous l'influence des chaleurs, la fièvre s'empare de l'animal. Les sécrétions se montrent plus actives, paraissent odorantes si elles ne l'étaient pas encore ou le deviennent plus qu'à l'ordinaire. L'odeur de la transpiration et des sécrétions prend des caractères particuliers comme le bouc en offre un exemple. Chez les espèces sauvages, elle donne un goût désagréable à la chair : celle du cerf en rut infecte de loin et sa viande en est si pénétrée qu'on ne peut ni la manger, ni la sentir, et qu'elle se corrompt en peu de temps. Les animaux en chaleur perdent l'appétit et maigrissent beaucoup s'ils restent longtemps en cet état. C'est un fait bien connu que les poissons perdent de leur qualité à l'époque du *frai*.

Ligne de conduite. — Il y a lieu d'attendre la cessation des chaleurs pour autoriser l'abatage.

6° Excitation sexuelle anormale ou nymphomanie

Il y a des femelles domestiques qui gardent constamment l'ardeur érotique ou la fureur utérine ; elles sont hystériques, nymphomanes. La vache en état d'hystérie ou de nymphomanie se nomme *taurelière, nymphomane, ribaude* (Villain), *brute* (Gourdon), *taure* (*taura* d'après Varron), etc. La permanence de l'exaltation génésique et des désirs sexuels ne lui laisse aucun repos, la tourmente continuellement ; c'est une bête malade, elle « *brûle* », dit Volet. En raison de sa surexcitation, de son affolement, « elle se nourrit mal, perd son lait et son embonpoint pour tomber au bout de peu de temps dans un état de maigreur, d'énervement et de marasme qui en réduisent la valeur à sa plus simple expression (1). » Assez fréquentes dans la race d'Hérens, les vaches taurelières sont dans des conditions telles, rapporte Bieler, qu'on ne peut en utiliser la viande (1). P. Charlier trouve la chair des taurelières dure, rouge, injectée, ayant le même goût que celle du taureau. Gourdon déclare que ces femelles donnent « une viande maigre, sèche, coriace, échauffée, d'un goût désagréable ».

Ligne de conduite.— Abatage après castration, en cas de nymphomanie très prononcée.

7° État de gestation

L'état de gestation motive parfois l'interdiction d'abatage pendant la totalité ou une partie de sa durée, suivant les localités.

I. — *Interdiction absolue ou sans indication de période*

a) *Femelles en général* : Turin 1857, Pérouse 1867, Ile de Puerto-Rico 1886, Castellon de la Plana 1890, Pernambouc 1893,

(1) a) *Volet.* La castration de la vache. — b) *Bieler.* Les races suisses de bétail bovin. — V° *Congrès international d'agriculture.* Lausanne 1898. *Mémoires et documents*, a, p. 291-311, p. 299, 300, 304. — b, p. 403-414, p. 410.

Etats-Unis d'Amérique 1895. — *b) Vaches :* Trévise 1884, Venise 1885, Angers 1889.— *c) Brebis et vaches :* Duché de Cobourg 1838, Oran 1886. — *d) Brebis :* Jativa 1881. — *e) Truies :* Palma 1877.

II. — *Interdiction à des périodes déterminées*

1° *État avancé. — Femelles en général :* Géra 1878, Perpignan 1874, Auch 1885, Basse-Autriche 1886, Constantine 1886, Galicie 1888, Braïla 1888, Bucharest 1889, Roumanie 1890, Carthagène 1893, Bulgarie 1894.

2° *Seconde moitié de la gestation. — Femelles en général :* Palerme 1870, Milan 1876, Vérone 1880.

3° *Gestation d'un certain nombre de mois.* — a) *Vaches* au delà du sixième mois : Besançon 1878, Dijon 1884, Vienne (Isère) 1890, Rive-de-Gier 1891, Gênes 1894. — b) *Vaches* au delà du septième mois : Lisbonne 1870, Porto 1879, Castello-Branco 1884, Coimbre 1890. — c) *Brebis* au delà du troisième mois : Gênes 1894.

4° *A l'approche de la parturition. — Durée déterminée : Vaches,* quinze jours avant la mise bas : Mâcon 1897, et quarante-huit heures seulement : Le Havre 1894. — *Sans durée déterminée :* a) *Femelles en général,* Alicante 1883 ; b) *Vaches,* Jativa 1881 ; c) *Brebis,* Teruel 1860.

Les femelles abattues à la dernière période de la gestation sont mises au sel à Saragosse 1887. La vente à l'étal libre est imposée à la viande des vaches à la première période de plénitude en Haute-Autriche 1856, et en état avancé de gestation en Wurtemberg 1879.

La crainte de la dépopulation animale a été autrefois et est encore de nos jours un des motifs de l'interdiction de l'abatage des femelles pleines. Baillet reconnaissait le fait en 1880 dans des termes qui peuvent être ainsi résumés : Plusieurs villes ont interdit par voie d'arrêtés l'abatage des vaches reconnues pleines, pour empêcher un préjudice considérable à l'alimentation publique par la destruction d'une infinité de sujets, qui fussent devenus dans l'avenir des animaux de consommation. Malheureusement cette interdiction, limitée à une ville, a pour effet de nuire à son approvisionnement au profit des marchés des villes voisines où cette restriction n'est pas imposée. Il faudrait que la prohibition de l'abatage anticipé des brebis et des vaches pleines s'étendît à toute la France, et fût imposée par une loi permettant de conserver à la consommation le plus grand nombre des agneaux et des veaux détruits aujourd'hui. En attendant, le vétérinaire inspecteur agira sagement en acceptant les vaches pleines à quelque degré que ce soit. A la séance du 10 février 1881 de la Société centrale de Médecine vétérinaire, A. Sanson a protesté contre l'interdiction de l'abatage des femelles en état de gestation réclamé par Baillet.

Le désir de la conservation des espèces bovine et ovine n'a pas toujours guidé les instigateurs de la prohibition précitée, ou au moins ne les a pas tous uniquement guidés. Certains, ce n'est pas douteux, ont adopté cette prescription avec des idées un peu vagues ou sans trop se demander pourquoi, surtout parce que cela était conforme à la tradition locale ou se faisait ailleurs. D'autres l'ont acceptée croyant fermement que l'état de gestation nuisait à la chair.

Les partisans de l'interdiction pour cause d'hygiène trouvent, chez les femelles parvenues à une période *avancée* de plénitude, la viande maigre et peu nutritive (Morcillo, Prieto), maigre, molle et insipide (Magne), pâle et molle avec une apparence aqueuse du tissu cellulaire et de la graisse (Meuth, Obermayer, Kreutzer, Friedreich), altérée et nuisible (Vallada), mauvaise, non nutritive et insalubre (Poli), molle, spongieuse, fade et de conservation moins facile qu'à l'ordinaire (divers bouchers, etc.)

Baillet approuve l'abatage des vaches du quatrième au cinquième mois de gestation, c'est-à-dire à une période qui a provoqué l'engraissement, mais il le blâme du septième au neuvième mois, alors que ces femelles ont une chair moins nutritive que les précédentes. Pour .Dessart, Zürn, Ostertag, Maier, etc, la gestation avancée ne rend point par elle-même la viande impropre à la consommation. Villain accepte les vaches pleines au même titre que celles en état de vacuité, et ne voit aucun inconvénient à en laisser consommer la chair à toutes les périodes de la gestation.

Les modifications subies par les tissus animaux du fait de la gestation sont de plusieurs ordres.

Certaines causes de la diminution de la qualité de la viande tiennent à ce que dans la seconde moitié de la gestation, sous la pression et le poids de l'utérus gravide dont le développement augmente sans cesse, le diaphragme, repoussé en avant, comprime le poumon, diminue l'ampleur longitudinale de la poitrine, gêne le jeu des côtes et celui des muscles inspirateurs. La respiration ainsi rendue difficile provoque une hématose insuffisante et par suite une digestion paresseuse. Les signes de la pléthore séreuse se manifestent en outre à la suite de la gêne mécanique de la circulation produite par la compression utérine du foie, de la veine-porte et de la veine-cave. Vers la fin de la gestation, la femelle n'engraisse plus, contrairement à la tendance à prendre de la graisse manifestée antérieurement ; elle maigrit même un peu, parce qu'elle fournit au fœtus des matériaux nutritifs de plus en plus abondants (Saint-Cyr).

Les matières minérales jouent un rôle très important dans le travail de la nutrition chez les femelles, aussi bien pendant la gestation que durant la lactation. « Sans une dose suffisante de ces matières, dit G. Colin, la mère ne peut subvenir aux besoins de la nutrition du fœtus et de la secrétion lactée. Cette insuffisance de matières minérales amène à la longue des altérations des os et détermine des troubles graves. » D'après Kiener jeune, le squelette osseux du fœtus reçoit une grande partie des sels calcaires du corps de la mère. Celui-ci ne subit pas seulement la décalcification, il est encore le siège d'une autre décomposition minérale, la déphosphatation. Guillemin de Clercy a établi ce dernier fait par ses observations sur la cachexie osseuse ou ostéomalacie, qui est une véritable désassimilation minérale du squelette. Il s'est appuyé sur des analyses du laboratoire de la *Société des Agriculteurs de France*. Du foin récolté dans des communes de l'Aube, ravagées par la maladie précitée, n'ont présenté que 0,22 p. 0/0 d'acide phosphorique au lieu de 0,30 à 0,40. Les os d'animaux atteints de cette affection ont donné 37,80 p. 0/0 de phosphate de chaux au lieu de 54 à 55 p. 0/0. Les principales causes prédisposantes de l'ostéomalacie sont, d'une part, la gestation, et, de l'autre, la lactation, qui demandent une certaine quantité de phosphate de chaux pour la formation du squelette fœtal et pour la production du lait. On remarque, en effet, que ce sont les vaches pleines et surtout celles qui ont mis bas depuis quelques semaines et donnent beaucoup de lait qui sont généralement atteintes. Il est très rare de voir la maladie se déclarer sur des génisses (Guillemin).

Les femmes enceintes et les cobayes femelles gravides ont fréquemment présenté à Charrin de l'hyperglycémie, de la glycosurie, en raison du ralentissement de la décomposition du sucre ou glucose abondamment formé dans leurs tissus. Charrin et Guillemonat ont en outre observé sur les cobayes pleines: 1° une diminution d'urée, d'urine et de calorique par suite du ralentissement de la nutrition ; 2° un abaissement assez fréquent de la décomposition de la graisse et par suite une préparation à l'obésité ; 3° la déminéralisation du corps par suite du passage d'une certaine quantité de fer des tissus maternels dans le corps fœtal. Hugounenq a constaté que la fixation des éléments minéraux, et en particulier du fer par le fœtus, ne s'effectue pas avec la même intensité à toutes les périodes de la grossesse, qu'elle est peu marquée au début et très active à la fin. Il en a conclu que les pertes de sels minéraux en général, et de fer en particulier, subies par l'organisme maternel, surtout durant les dernières semaines, ne sont probablement pas étrangères à la pathogénie des troubles de la nutrition compliquant souvent la fin de la grossesse. Charrin estime que l'état de gestation favorise l'éclosion des maladies et prépare l'économie à leur évolution, soit par l'hyperglycémie qui facilite surtout la pullulation des microbes, soit par la déminéralisation qui atténue l'énergie de la résistance, ou bien par ces deux éléments à la fois. Il admet que l'hypothermie, l'obésité, les altérations viscérales et les troubles de la nutrition constatés pendant la gestation, font incontestablement fléchir la résistance de l'organisme. Il est donc facile de comprendre pourquoi, chez la femme, l'histoire d'une maladie remonte très souvent à une grossesse. Tout porte à croire que les choses se passent chez la jument, la vache, la brebis, la chèvre et la truie en état de gestation comme chez la femme enceinte ou la cobaye pleine, et que les conclusions tirées des observations de Charrin, Guillemonat et Hugonnenq sont applicables à toutes les femelles domestiques.

Bournay admet que les troubles de la santé de la mère, dus au développement du fœtus, sont encore mal connus en obstétrique vétérinaire. Il leur reconnaît une cause unique : l'*auto-intoxication gravidique* consistant dans la rétention au sein de l'organisme des nombreux poisons résultant des combustions de l'économie (acide carbonique, urée, acide urique, acide hippurique, créatine, leucine, etc.). « A l'état normal, l'organisme se débarrasse de ces substances toxiques au moyen de ses organes éliminateurs : peau, poumon, intestin, foie, reins. Dans l'état de gestation, l'élimination de ces produits de déchet est entravée par suite de la gêne respiratoire et circulatoire, de la compression que subissent certains organes, etc. Laulanié et Chambrelent ont montré que vers la fin de la grossesse, chez la femme, l'urine perd beaucoup de son pouvoir toxique, ce qui tend à démontrer, d'après ces auteurs, que l'organisme de la femme enceinte, à la fin de la grossesse, doit être plus ou moins saturé de matières toxiques ».

En mai 1899, Kvatchkoff, vétérinaire à Stara-Zagora (Bulgarie), me posait les questions suivantes : « 1° Peut-on abattre des vaches pleines à toute période de la gestation et, si non, jusqu'à quel mois pourrait-on les sacrifier ? 2° La viande de vache *pleine* est-elle, pendant toute la durée de la gestation, bonne, saine et pourvue de qualités physico-chimiques normales au même titre que la viande de vache *non fécondée ?* »

Je résume ci-dessous ma réponse.

Les modifications physico-chimiques habituelles, causées à l'organisme par l'état de gestation, ne suffisent pas à motiver l'interdiction absolue de la consommation de la viande des femelles pleines. Elles indiquent toutefois que cette chair doit être examinée avec le plus grand soin à la fin de la gestation, et surtout en cas d'abatage nécessité par un accident de parturition. Dans le cas où cette viande inspirerait quelque doute au point de vue de la salubrité, il serait prudent d'en faire l'examen bactériologique complet, conseillé par Basenau pour toute viande d'un animal malade ou abattu par nécessité à la suite de maladie. Malheureusement, la plupart des abattoirs inspectés sont dépourvus de tout outillage scientifique nécessaire à cet effet, sans compter que les ensemencements sur gélatine et les expériences d'ingestion sur des souris, recommandés par Basenau, réclament un temps trop long et sont inapplicables en l'absence d'un appareil frigorifique où les marchandises en litige pourraient être conservées plusieurs jours. Les modifications précitées permettent de considérer la période ultime de la plénitude comme une tare éliminatrice à l'égard des femelles destinées à la fabrication des conserves (1). Il importerait de savoir si elles ne sont pas plus marquées et, par conséquent, plus à craindre dans les pays méridionaux que dans ceux à température froide ou modérée. Des recherches scientifiques et techniques devraient être poursuivies, en vue de déterminer exactement les variations de qualité que la viande est susceptible de subir du fait de la gestation sous les divers climats. On ne saurait blâmer les municipalités qui n'autorisent le débit des femelles, arrivées à une période *très avancée* de la gestation, que dans des boucheries spéciales, ou avec déclaration expresse du boucher aux consommateurs, conformément à des coutumes locales. Ce genre de vente paraît surtout applicable aux chairs pourvues, en certains cas de plénitude, d'une odeur et d'une saveur aussi fades que peu agréables.

Le 15 octobre 1899, Majdrakoff, vétérinaire à Troyan (Bulgarie), a demandé à la Société des sciences vétérinaires de Lyon s'il possédait réellement le droit de saisir, comme il en avait l'habitude depuis longtemps, les vaches abattues à la fin de l'état de gestation. Le professeur Mathis a répondu en examinant la chair de ces femelles dans trois conditions différentes : 1° Animal ni infecté ni surmené ; 2° animal infecté ; 3° animal surmené. Dans le premier cas, tout le monde peut se mettre d'accord en considérant la gestation comme toute autre cause de dénutrition, telle que la lactation abondante et prolongée,

(1) Leclerc et Pellotier recommandent « de rejeter pour les conserves militaires les animaux surmenés, les femelles nymphomanes, *les vaches en état de gestation avancée* ou *dont la parturition serait trop récente*, en un mot tous les sujets dont la fibre musculaire pourrait présenter des altérations de nature physiologique ou pathologique ».

l'alimentation insuffisante, l'helminthiase, etc., et en suivant les règles invoquées pour la saisie des viandes maigres et cachectiques. Une inflammation traumatique localisée des voies génitales n'empêcherait pas la consommation des animaux. Dans le deuxième ou le troisième cas, la saisie s'impose soit avec une septicémie développée pendant ou après la gestation, soit avec le surmenage de parturition qui favorise plus ou moins l'infection pendant la vie et ensuite l'altération rapide du cadavre. Les circonstances étiologiques sont d'ailleurs d'un intérêt secondaire. La confiscation aurait lieu semblablement avec une infection septique d'origine intestinale, viscérale ou autre, soit avec un surmenage produit par un travail forcé quelconque ou par n'importe quelle souffrance aiguë prolongée.

La Société a adopté les conclusions du professeur Mathis.

Ligne de conduite. — L'abatage des femelles à un degré avancé de gestation ne doit pas être interdit, mais il y a lieu de pratiquer une autopsie minutieuse en raison des modifications dues à cet état.

8° Mise-bas, avortement

Ce n'est pas d'aujourd'hui que la parturition et la période immédiatement consécutive sont considérées comme un motif de disqualification de la viande. Plusieurs statuts de boucherie du moyen âge comportent des indications à ce sujet. Ainsi l'interdiction de vente après la mise-bas durait, pour les femelles en général, neuf jours à Troyes 1374 et six semaines à Evreux 1424; pour les vaches et les truies, vingt-quatre jours à Pontoise 1403 et à Meulan 1404, quarante jours à Caudebec et à Rouen 1487, quarante-deux jours à Amiens 1317. Actuellement l'abatage est interdit après la mise-bas récente (1), sans détermination de durée : a) *Aux femelles en général* : Turin 1857, Alicante 1883, Coimbre 1890 : b) *aux vaches* : Lisbonne 1870,

(1) Dans son projet de règlement (1892), Toscano de Vienne (Autriche) considère l'état avancé de la gestation et la parturition récente comme un motif d'interdiction de l'abatage des femelles.

Porto 1879, Guardia 1880, Castello-Branco 1884, Trévise 1884 (de même après avortement récent), Basse-Autriche 1886; c) *aux brebis :* Teruel 1860 ; *d) au vaches, brebis et chèvres* : Trieste 1888. Il est défendu pendant une période déterminée : a) *aux femelles en général :* dix jours. Etats-Unis d'Amérique 1895; b) *aux vaches :* un mois à Tunis 1887 et quatre mois à Santander 1851-1861.

L'avortement récent est une cause d'interdiction d'abatage pour les femelles en général à Lisbonne 1870, Porto 1879, Guardia 1880, Castello-Branco 1884; Trévise 1884, Coimbre 1890 ; pour les *vaches, brebis et chèvres* à Trieste 1888.

Ligne de conduite. — L'abatage doit être autorisé en cas d'avortement et de mise-bas. Une autopsie minutieuse est nécessaire en raison des complications éventuelles qui peuvent, selon les circonstances, motiver une saisie totale ou partielle.

9° LACTATION

Pendant la durée de la lactation, l'abatage est interdit aux femelles en général à Succa 1877 et à Carthagène 1893, aux brebis à Jativa 1881.

D'après Magne, les vaches très laitières mangent davantage que les animaux de travail ou d'engrais. Insuffisamment alimentées, elles donnent moins de lait : ce produit reste encore assez abondant au commencement de la lactation, parce qu'il y a dans les organes des accumulations graisseuses propres à fournir les matériaux nécessaires à la sécrétion lactée; mais sa quantité diminue continuellement, puis les vaches mal nourries deviennent maigres et leur constitution s'altère (1).

D'après C. Pagès, l'abondance de la sécrétion lactée et la richesse nutritive du liquide sécrété indiquent un mouvement nutritif d'une intensité exceptionnelle, entraînant forcément une

(1) L'ostéomalacie se développe souvent quand l'insuffisance alimentaire porte sur les phosphates calcaires. En effet, la lactation exigeant cette matière minérale en grande quantité, l'organisme est obligé de l'emprunter au système osseux en le déphosphatant.

désassimilation, un épuisement rapide des réserves nutritives des femelles laitières. Dans la même espèce, la sécrétion lactée est plus épuisante au commencement qu'à la fin de la lactation, et à la fin qu'au milieu. Immédiatement après le part vient le lait le plus animalisé : la partie la plus essentielle des réserves nutritives sert à l'élaboration du *colostrum*, riche en corps gras, en matières albuminoïdes et en phosphate de chaux. C'est pourquoi les femelles maigrissent avec une rapidité extrême, fondent pour ainsi dire à vue d'œil pendant la phase colostrale. Il n'y a que les bêtes jouissant, à la fois, de réserves nutritives à dépenser et d'une intégrité organique suffisante pour en réparer partiellement les pertes, qui puissent traverser cette période critique. Les femelles qui sont atteintes d'une affection chronique et qui avaient même engraissé au début de la gestation, épuisent rapidement leurs réserves sans pouvoir les reconstituer et parviennent en quelques jours aux termes de la consomption.

Les femelles laitières éprouvent une hématose plus ou moins insuffisante, une sorte d'asphyxie continuelle. Cet état est d'autant moindre qu'elles donnent moins de lait et qu'elles vivent dans des conditions hygiéniques meilleures. Leur nutrition se caractérise surtout par un affaiblissement considérable des phénomènes d'oxydation, par une formation exagérée de graisse et de phosphate de chaux. De la graisse phosphorée ou lécithine est donc très probablement détruite au sein de l'organisme de ces bêtes, surtout dans le foie devenu gras par le fait de la lactation. Les femelles laitières doivent recevoir une nourriture abondante, ne gênant pas l'hématose par des modifications déterminées à la longue dans le sang et par le développement du ventre, c'est-à-dire des aliments riches en matières albuminoïdes, en corps gras et en graisses phosphorées (C. Pagès).

Ligne de conduite. — On agit comme pour les femelles pleines ou amaigries.

10° Faculté de reproduction sexuelle. Masculinité et féminité

Dans certaines localités, il est interdit d'abattre des animaux servant ou ayant servi à la procréation. Cette prohibition porte tantôt sur un seul sexe dans une ou plusieurs espèces, tantôt sur les deux dans les mêmes conditions. Déjà, au moyen âge, certains de ces animaux étaient dépréciés dans plusieurs villes. Dans les unes la viande en était absolument interdite, dans les autres elle était débitée non dans les boucheries ordinaires, mais dans des étaux spéciaux ou à part. Il était interdit de vendre de la truie non châtrée à Reims 1380, du verrat à Avignon 1243, du bouc non châtré à Montdidier 1433, du bouc et de la chèvre à Montpellier (moyen âge), à Pontoise 1403, à Meulan 1404 (même du chevreau), à Caudebec 1485 et à Rouen 1487, de la chèvre à Amiens 1317. On pouvait vendre, seulement dans les basses boucheries et non dans les étaux ordinaires, de la truie à Amiens 1317, à Abbeville XIVᵉ siècle, du bélier et du taureau à Angers et à Saumur 1359, du taureau, du bélier, de la brebis, du bouc et et de la chèvre à Dôle 1561 ; du bouc entier, du bouc châtré, de la chèvre, de la brebis et de la truie à Bordeaux 1593 ; du bouc et de la chèvre à Evreux 1424 ; du bouc châtré et de la chèvre à Montdidier 1433.

Il est interdit de tuer ; 1° des *taureaux* à Lunéville 1827, des taurillons de plus d'un an à Santander 1851-1861, des taurillons à Ferrol 1893 ; 2° des *béliers* à Santander 1851-1861, à Pérouse 1867, à Montpellier 1885, à Carcassonne 1888, à Saint-Sébastien 1889 ; 3° des *boucs* à Lunéville 1827, Pérouse 1867, Montpellier 1885, Cordoue 1885, Séville 1886, Malaga 1886, Toulon 1887, Bar-le-Duc 1887, Commercy 1887, Carcassonne 1888 ; 4° des *verrats* à Milan 1876, Palma 1877, Saint-Sébastien 1889, Marseille 1894. Les verrats sont mis au sel à Montpellier 1887.

Il est défendu d'abattre : 1° des *vaches* à Dax 1867-1889, à Ferrol 1893, 2° des *brebis* et des *chèvres* à Santander 1851-1861 et à Barcelone 1877 ; 3° des *chèvres* à Lunéville 1827 ; 4° des *truies* à Novare 1868.

On ne peut débiter que dans des étaux spéciaux ou dans des boucheries à part : 1° des *brebis* et des *boucs* à Jerez 1886 ; 2° des *brebis* et des *chèvres* à Valladolid 1883, à Vitoria 1892 ; 3° des *brebis*, des *chèvres* et des *boucs* à Reus 1878 ; 4° des *boucs* à Jativa 1881 (1).

(1) Il est défendu d'abattre : du 20 juin au 20 septembre des bêtes caprines à

La disqualification de la viande des animaux reproducteurs mâles ou femelles paraît dépendre de plusieurs causes, notamment des suivantes : abatage de bêtes fatiguées par les chaleurs ou la surexcitation sexuelle, épuisées par la gestation et la lactation, en état d'amaigrissement plus ou moins prononcé, parvenues à un âge plus ou moins avancé.

Voici quelques appréciations de ces viandes :

La viande de taureau de trois à cinq ans offre une odeur spermatique dans les régions profondes de la cuisse fraîchement incisées, d'après Ch. Pierre. Baillet dit qu'elle est rouge noir, à grain grossier, peu ou pas marbrée. Villain et Bascou attribuent une odeur forte, spermatique à la chair du taureau âgé. La viande du bélier sacrifié après quatre ans est dure, coriace et conserve une odeur sexuelle caractéristique, selon Baillet. La viande de bélier a un goût de suif très prononcé, d'après Pascault. Elle est très désagréable à manger à cause de son odeur particulière, suivant Villain et Bascou. Villain la déclare ferme et peu sapide. La viande de bouc, dont l'odeur est quelquefois forte et pénétrante, est désagréable à manger, dit Villain. Cet animal est imprégné d'acide hircique dont les émanations sont vraiment détestables. Bénion affirme que cette odeur, inhérente à la peau et aux poils, n'est qu'extérieure et ne communique pas de goût désagréable à la chair. La viande de verrat est plus mauvaise que celle du sanglier, d'après Buffon (1). Elle répand au moment de la cuisson une *odeur sui generis* des plus désagréables, selon Pascault. La viande du verrat tué à un certain âge a une couleur brun violacé et répand au loin une odeur puante, d'après Villain et Bascou. La viande de verrat est toujours dure, coriace et d'un goût désagréable, suivant Baillet.

Mahon 1858, ainsi que des chèvres, boucs et brebis à Reus 1878 ; en juillet, août et septembre des brebis à Jativa 1881. (Le motif de cette prohibition n'est pas indiqué par les règlements de ces trois villes.)

(1) « Le sanglier laisse une odeur très forte sur tout son passage. Dès qu'il est tué, les chasseurs ont grand soin de lui couper les *suites*, c'est-à-dire les testicules, dont l'odeur est si forte que si l'on passe seulement cinq ou six heures sans les ôter, toute la chair en est infectée. » (Buffon). Lorsqu'un cerf est tué dans une chasse à courre, dit Desmarest, on lui coupe sur le champ les *daintiers* ou testicules, sans quoi la chair prendrait un goût de sauvage insupportable, même aux chiens.

Les juments et les chevaux hongres offrent un état de chair et de graisse plus avantageux que les chevaux entiers, rapporte Bourrier. La viande de vache, que Buffon trouve plus sèche que celle du bœuf, jouit depuis longtemps d'une mauvaise réputation et passe pour être de qualité inférieure. C'est un préjugé, car à égalité d'âge, de race, de santé et d'engraissement, elle vaut celle du bœuf. Il provient de ce que les bœufs sont généralement sacrifiés jeunes et que les vaches ne sont abattues souvent qu'à un âge avancé, épuisées par de nombreuses gestations et une longue carrière de lactation. Delaporte-Bayard, Magne, Van Hertsen, Baillet, Sanson, F. Villeroy, Pion, Godbille, etc., ont montré qu'il n'y avait là qu'une exagération manifeste.

Les vaches de rebut, vieilles et épuisées, maigres, restées chétives à la suite d'un mauvais rétablissement après la mise bas, ou d'une diarrhée chronique survenue à la mise au vert, etc., sont appelées communément *cordières*, *troupières*, *glines*, *canons*, *lécheuses de buissons*, *pampines*, *sardines*, *bécasses*. P. Charlier semble n'avoir eu en vue que des femelles de ce genre dans le tableau suivant fait de sa main, avec une exagération évidente, en 1857 : « Des hommes, dont le nom fait autorité dans la science agronomique, ont pris chaleureusement la défense de la viande de vache. Habitués à ne voir que des *vaches d'élite* chez des engraisseurs habiles qui savent bien choisir leurs sujets, ils ont pris l'exception pour la règle. Ce n'est pas, en effet, dans les concours d'animaux de boucherie, ou dans les marchés de Lille et de Valenciennes, qu'il faut étudier ce qu'est la viande de vache ; c'est chez les bouchers des campagnes, des petites villes, des banlieues des grandes cités, et jusque dans les abattoirs de Paris. Là, pour une vache grasse, pour deux en chair ou demi-grasses, on en trouve évidemment dix mauvaises. Les unes sont usées par l'âge, par des gestations et des vêlages réitérés ; les autres sont échauffées ou épuisées par les ruts, et ressemblent plutôt à un squelette vivant qu'à une vache de boucherie ; beaucoup sont affectées de maladies chroniques de tous genres, de maladies de poitrine surtout ; d'autres, enfin, sont pleines, et celles-là sont encore considérées comme les meilleures. Les auteurs les plus recommandables disent que le premier moyen à employer pour obtenir l'engraissement de la vache est de la mettre en état de gestation. C'est, en effet, ce qui se fait tous les jours, et très heureux encore sont ceux qui peuvent arriver à mettre leurs vaches en cet état, quand, après plusieurs ruts qu'ils n'ont pas voulu satisfaire, dans le but de prolonger la sécrétion du lait, ils se décident enfin à livrer leur vache au taureau. De là cette viande *dure*, *sèche*, dépourvue de graisse, de jus et d'osmazone, ne contenant, pour ainsi dire, que des os, des aponévroses et des tendons ; ou cette autre viande des vaches taurelières, quelquefois charnue, mais rouge, injectée et d'un goût semblable à celui du taureau ; celle des vaches pleines, enfin, plus grasse, il est vrai, moins sèche, mais mollasse, creuse, se conservant mal, et ne donnant pas non plus un bon bouillon. »

La brebis a une viande mollasse et insipide, dit Buffon. La brebis vieille a le tissu musculaire aminci, une viande sèche et peu savoureuse, d'après Villain La chèvre a une chair peu recherchée, dit Bénion, parce qu'on ne veut pas se donner la peine de l'engraisser et qu'on attend la vieillesse pour la sacrifier. Villain dit qu'elle est toujours *émaciée*, bien qu'ayant beaucoup de graisse autour des rognons. La truie, affirme Bascou, a une chair brune, flasque et sans saveur, des muscles émaciés, une graisse peu consistante, surtout après une mise-bas récente ; sa viande n'est guère utilisable que pour le hachage. Chez le verrat et la truie, usés par la reproduction, rapporte Villain, le lard est souvent sclérosé, la viande brune, dure et coriace, malodorante le plus souvent.

Ligne de conduite. — L'abatage des animaux reproducteurs, à l'exception du bouc, doit être autorisé, sauf pendant la période d'excitation sexuelle (chaleurs). Il y a lieu d'interdire l'entrée des abattoirs au bouc entier, parce que cet animal laisse pendant longtemps une odeur désagréable dans les endroits où il a passé.

11° Émasculation récente et castration tardive

A Marseille 1884, il est interdit d'abattre de verrats, même châtrés. A Turin 1857, les truies et les porcs ne peuvent être abattus que s'ils ont été châtrés jeunes. La castration des mâles reproducteurs n'implique l'autorisation d'abatage que lorsqu'elle date d'un certain temps, dont la durée varie selon les localités et les espèces. Cette durée est pour tous les animaux de huit mois a Puerto-Rico 1886; pour les taureaux de trois mois à Tunis 1887 et de six mois à Santander 1851-1861; pour les boucs de un an, sous réserve que l'âge de quatre ans ne soit pas dépassé, à Perpignan 1874. La castration *récente* des mâles en âge de se reproduire provoque l'interdiction de l'abatage pour tous les animaux à Coimbre 1892, pour les bovins à Lisbonne 1870, Porto 1879, Guardia 1880 et Castello-Branco 1884, pour les boucs à Malaga 1886.

La castration change la direction des forces nutritives et détourne une partie des substances alibiles de leur destination antérieure. Tous les matériaux assimilables ne servent plus qu'à la conservation dusujet et se trouvent, presque toujours, hors de proportion avec les besoins réduits d'un organisme neutralisé dans son sexe. Le surcroît de ces éléments non dépensés s'accumule en quantité souvent excessive dans le tissu cellulaire et dans les interstices des fibres musculaires. Les chairs acquièrent ainsi une saveur et une succulence bien supérieures à celles des animaux conservés entiers, « en même temps qu'elles sont exemptées de cette senteur pénétrante et de ce goût particulier, que leur communique toujours la présence des testicules dans les animaux adultes. »La castration modifie d'autant plus l'organisme qu'elle est pratiquée à une époque plus rapprochée de la naissance. Quand les testicules sont supprimés avant que leur influence se soit fait sentir et ait contrebalancé l'activité des organes digestifs, les substances alibiles s'accumulent sans déperdition dans la trame des chairs et du tissu cellulaire. Les animaux châtrés dans les premiers mois de la vie s'engraissent plus vite et donnent une chair plus savoureuse, plus nutritive que celle des sujets émasculés tardivement, c'est-à-dire à l'époque du complet achèvement de l'organisme sous l'influence vivifiante du testicule (H. Bouley).

D'après Flocard (cité par Villain), la castration améliore la viande de vache. La viande du taureau bistourné est plus rouge et plus dure que la chair du bœuf; elle a toujours un goût désagréable et fort, dit Buffon. Le bœuf bistourné reste *vert* et a la chair moins fine et moins juteuse que celle du bœuf châtré dès le plus jeune âge, suivant Pascault. Le bélier bistourné (à 8 ans) et engraissé a toujours mauvais goût, selon Buffon. La viande des moutons châtrés tardivement présente un goût de suif très prononcé, rapporte Pascault. La viande de porc châtré après 3 ou 4 ans est toujours de qualité inférieure dit Baillet.

Ligne de conduite. — L'abatage doit être autorisé comme avant la castration.

12° Abatage estival des porcs

Les anciens Egyptiens dédaignaient la viande de porc sous prétexte qu'elle donnait la lèpre, la gale, etc., aux consommateurs. Les Juifs ne firent que les imiter en contractant le dégoût de cet aliment pendant leur séjour en Egypte ; ils conservèrent cette répulsion dans les pays moins chauds. La chair du cochon est absolument interdite aux Israélites et aux Mahométans au nom de leur religion. La cause précise de cette défense est inconnue, car elle n'est point indiquée par les textes religieux prohibitifs. Elle ne peut s'expliquer que par des hypothèses dont les plus acceptables concordent avec les opinions des hygiénistes, qui admettent que cet aliment est nuisible soit en tout temps, soit seulement *à certaines époques de l'année*.

Depuis longtemps l'usage alimentaire du porc frais pendant la saison chaude est considéré comme nuisible à la santé, par un grand nombre de médecins ou d'hygiénistes : Oribase, Conrad-Gesner, Sanctorius, J.-P. Franck, Obermayer, Meuth, Ventura de Pena y Valle, se sont montrés très affirmatifs sur ce point. Les uns ou les autres lui ont adressé divers reproches qui peuvent être ainsi résumés : La viande de porc est de meilleure qualité, plus savoureuse et plus saine en hiver. Elle est indigeste et moins ferme en été, et elle est d'autant moins bonne que le climat est plus chaud (1). Le défaut de transpiration causé par son usage occasionne ou aigrit les maladies de peau en Palestine, Arabie, Egypte et Lybie. Sonnini a constaté qu'elle fatigue les plus robustes en Egypte, en Syrie et même dans le sud de la Grèce ; cela suffit d'après lui pour faire considérer cet aliment comme pernicieux dans ces pays, et en expliquer la proscription par les prêtres de l'Egypte ainsi que par Moïse et Mahomet (2).

En 1832, Ventura de Pena y Valle s'exprimait dans le sens suivant au sujet du cochon : Les mois de décembre, janvier et février constituent l'époque la plus propice pour l'abatage et la salaison des porcs. C'est à ce moment que la viande toujours grasse de ces animaux offre le plus de salubrité, est exempte notamment des sucs vicieux qu'elle acquiert pendant la saison chaude et même durant la saison tempérée ; c'est alors que les estomacs sont les mieux disposés à la digérer. Les méridionaux ne peuvent d'ailleurs manger autant de viande en général que les gens du Nord, surtout en juin, juillet et août. A cette époque la chair contient des sucs plus énergiques et plus irritants ; elle se sale mal et si on veut mieux la conserver en la surchargeant de sel, ce surcroît de matière saline amène vite une rancissure excessive qui constitue un état vénéneux, sans compter que le sel dessèche la viande en en consumant les meilleurs sucs. Pour toutes ces raisons, l'abatage des porcs ne doit être autorisé que du 1er décembre au 28 février, suivant un usage généralement établi, en vertu d'un principe basé sur la raison et appuyé sur une expérience immémoriale.

Pour le Dr J.-P. Franck (1783), la prohibition de l'abatage estival du porc trouve sa raison d'être dans les motifs suivants : La viande a une tendance spéciale à se putréfier parce que cet animal se nourrit souvent de substances pourries et qu'il con-

(1) Toussenel a protesté contre « la déplorable réputation qu'ont faite au porc les estomacs débiles et les anathèmes ridicules des sombres législateurs de l'Orient ».

(2) Moïse et Mahomet durent tenir rigoureusement la main à cette prohibition, dit Toussenel, parce que le Juif et l'Arabe sont plus particulièrement sujets aux maladies de la peau à cause soit de leur malpropreté native, soit de la rareté des eaux dans leur aride patrie.

tracte des maladies, par suite des souffrances que lui occasionne la chaleur. Elle peut aussi nuire aux consommateurs par la graisse qu'elle contient. Un personnage d'un roman fameux de Voltaire, aux yeux duquel « tout est pour le mieux dans le meilleur des mondes possibles », a ainsi exprimé son opinion sur la question en litige : « *Les cochons étant faits pour être mangés, nous mangeons du porc toute l'année.* » Il ne manque pas de pays en Europe où l'on ne pense point comme l'optimiste Dr Pangloss, et il s'en trouvait même davantage autrefois.

La vente des saucisses était interdite à Paris en 1477 du 15 septembre au premier jour de carême, et à Reims en 1685 de Pâques au 1er octobre. L'abatage des porcs était prohibé : à Saint-Fargeau du 1er mai à la Toussaint en 1731 ; à Troyes du 1er mai au 1er juillet en 1564, 1662 et 1782, du 1er mars au 31 août en 1604 et du 10 floréal au 10 messidor en l'an VI. Cette défense existait à Jativa (Espagne) en 1754. Diverses ordonnances de l'ancien gouvernement sarde interdisaient l'abatage des porcs en juin, juillet, août et septembre ; mais si elles sont encore suivies dans quelques grandes cités, rapporte M. Vallada en 1883, elles sont fréquemment transgressées dans les petites villes et les villages. Un règlement de 1857 prohibait cet abatage en juin, juillet et août à Turin. On tue actuellement dans cette ville des porcs toute l'année, mais en moins grand nombre pendant l'été, rapporte A. Poli en 1890. Autrefois en vigueur à Casal-Montferrat 1880, à Novare 1885, à Rome, la prohibition y est maintenant abrogée.

Des règlements municipaux interdisaient il n'y a pas longtemps ou interdisent encore l'abatage estival des porcs : 1° dans certaines villes du midi de la France, à Avignon, Béziers, Cannes, Cette, Draguignan, Grasse, Hyères, Marseille, Montpellier, Nice, Toulon, etc. ; 2° à Sfax (Tunisie) ; 3° dans certaines villes d'Italie : Catane, Ferrare, Foggia, Lucques, Modène, Palerme, Parme, Pérouse, Sienne, Trapani, Trévise, Udine, Venise 1885, Verceil, Verone, Vicence, etc. ; 4° dans certaines villes d'Espagne : Albacete, Alfaro, Barcelone, Bilbao, Carthagène, Cordoue, Lerida, Madrid, Palma (1877), Port-Mahon, Reus, Saragosse, Segovie, Tarragone, Valence, Valladolide, Gibraltar, etc.

La durée de l'interdiction de l'abatage du porc en France, en Espagne et en Italie, varie selon les villes, de 2 mois (juillet, août), 3 mois (juin, juillet, août), 4 mois (juin, juillet, août, septembre), à 5 mois (mai, juin, juillet, août, septembre), à 6 mois (avril, mai, juin, juillet, août, septembre), à 7 mois (avril, mai, juin, juillet, août, septembre, octobre).

En Espagne, des ordonnances royales n'autorisent l'abatage des porcs qu'en novembre, décembre et janvier pour la fabrication du saucisson (1831, 1832, 1858) et pour les salaisons (1) (1877, 1883 et 1887). Une ordonnance royale de 1893 accorde aux municipalités la faculté de désigner, sur l'avis du Conseil de santé, l'époque de l'abatage des porcs dans le délai général du 1er novembre au 31 mars mentionné par une ordonnance de 1885. Une ordonnance royale du 25 octobre 1894 permet la consommation du porc frais pendant toute l'année, sans autre limitation que celle établie par les municipalités après avis des Conseils d'hygiène communaux et provinciaux. La préparation industrielle des saucissons et des salaisons ne peut avoir lieu que du 1er novembre au 31 mars.

En Grèce, l'abatage des porcs est défendu du 1er avril au 30 septembre (1896). Malgré l'absence de prescriptions prohibitives, l'abatage estival des porcs est l'objet d'une diminution marquée à l'île de Malte et d'une abstention complète à Pise ainsi qu'en Bulgarie et en Roumanie. En Basse-Autriche, quand les porcs sont tués pendant les chaleurs de l'été, la viande est débitée en basse boucherie.

Bien que d'une application fréquente en Espagne et en Italie, l'interdiction de l'abatage estival des porcs n'a pas que des partisans dans ces deux pays : En 1881, le Congrès Vétérinaire de Milan a conclu à son abrogation sur la proposition du Dr Guzzoni. Cette prohibition a été vivement combattue en Espagne par Morcillo en 1868 et 1883, par Prieto en 1880 et par Molina en 1894. Morcillo appuie sur les arguments suivants son opposition à la prohibition : Cette mesure n'est pas

(1) En France la fabrication des salaisons de bœuf et de porc pour l'armée s'effectue du 15 septembre au 15 mars. (Règlement provisoire de 1872 sur le service des subsistances militaires.)

appliquée dans les petites villes, même dans quelques-unes ayant de 15 à 20 mille habitants, ni dans les campagnes. Les valétudinaires, dont l'estomac ne peut digérer la viande de porc, doivent s'abstenir de cet aliment volontairement et sans l'assistance d'une réglementation, qui empêche les gens robustes et bien portants de se nourrir selon leurs goûts et leurs besoins. Les porcs ne sont pas plus malades en été qu'en hiver, sans compter que ceux reconnus insalubres sont saisis par l'inspection. Ils sont à tort accusés de développer la lèpre humaine, puisque cette affection se remarque de préférence chez les pauvres gens qui ne mangent de la viande que par hasard. On prétend que la chair de cochon se putréfie aisément, sans songer que les autres viandes se corrompent aussi facilement quand le débit n'est pas proportionnel à l'abatage, et que personne n'a l'idée d'empêcher de tuer les animaux fournissant ces viandes. S'il y a quelques incommodités de ce côté, on peut les supprimer non en interdisant l'abatage, mais en le limitant à ce qui doit être débité suivant la pratique suivie à Jativa.

Ligne de conduite. — Tout en acceptant les idées ayant cours sur la difficulté de la digestion de la chair de porc, pendant l'été pour *certaines personnes* et sous les climats chauds, j'estime que la prohibition de cette viande est une pratique abusive et qu'elle peut être remplacée sans inconvénient en France, en Espagne et en Italie, par la limitation de l'abatage coïncidant avec une surveillance sanitaire minutieuse des charcuteries. Il y aurait lieu de compléter cette mesure restrictive : 1° par la conservation du porc frais au moyen de la réfrigération et par sa salaison dans des chambres frigorifiques ; 2° par la publication administrative d'instructions populaires sur l'hygiène alimentaire. De cette façon la liberté des consommateurs, comme celle des commerçants, ne serait pas entravée et tous les besoins seraient satisfaits sans que la santé eût à en souffrir.

13° Abatage estival des solipèdes

A Troyes l'abatage hippophagique est loin d'être aussi considérable en été qu'en hiver. Cette constatation qu'on peut faire ailleurs tient aux diverses causes suivantes : Pendant la saison froide, la cessation ou la diminution sensible des travaux de la campagne laissent beaucoup de chevaux inoccupés. Aussi les cultivateurs choisissent-ils cette époque pour vendre à la boucherie les sujets usés par le travail, atteints de boiteries incurables ou quelque peu épuisés par un régime insuffisant, étant donné que les frais d'entretien ne seraient pas en rapport avec le capital animal à conserver. En raison de l'abondance des offres, ces sujets de réforme se vendent à des prix relativement peu élevés, souvent moitié moindres que ceux pratiqués pendant la période des travaux de culture. La fabrication des saucissons vient s'ajouter à la vente de la viande fraîche pour l'emploi de ces achats surabondants. En été, au contraire, la charcuterie hippophagique est presque nulle ou complètement réduite à néant. Mais ce n'est pas là le seul motif de la diminution de l'abatage. Pendant la saison chaude, beaucoup de consommateurs cessent d'acheter du cheval ou en achètent moins, parce qu'ils n'ont pas d'appétence pour cette viande et qu'ils lui trouvent un aspect peu attrayant après un court séjour à l'étal. C'est probablement à cause de cette disqualification estivale que l'abatage des solipèdes est interdit pendant les fortes chaleurs en été à Cette 1893, pendant les mois de juillet et août à Béziers 1893.

Ligne de conduite. — L'interdiction précitée n'est ordinairement pas fondée ; elle pourrait être évitée et remplacée dans certains cas par les mesures préconisées pour le débit estival de la chair de porc.

14° Tumeurs mélaniques extérieures et robe blanche chez le cheval

L'accès de certains abattoirs hippophagiques est interdit aux chevaux porteurs de tumeurs mélaniques apparentes en divers endroits du corps, notamment autour de l'anus, sous la queue, au voisinage des organes génitaux (vulve, fourreau), etc. Une pareille mesure s'explique à la rigueur quand ces néoplasies, très volumineuses ou ulcérées, sont un objet de dégoût pour les personnes dont elles frappent les regards. Elle a aussi sa raison d'être dans les localités où les tumeurs mélaniques entraînent la saisie entière de l'animal quels qu'en soient le nombre, le volume, l'état et le siège. Par contre, elle n'est point justifiée dans les villes où la confiscation est totale ou partielle, suivant que ces néoplasies sont généralisées ou localisées. En effet les mélanoses extérieures ou apparentes ne sont point forcément l'indice soit d'une généralisation mélanique, soit de l'existence à des degrés divers de mélanoses intérieures, viscérales intermusculaires ou intramusculaires.

Il y a des villes où le permis d'abatage est refusé à tous les chevaux à robe blanche, parce qu'ils sont fréquemment affectés de mélanose. Ainsi au Congrès Vétérinaire de 1889, Baillet s'est occupé de cette particularité à la suite d'une question qui lui avait été ainsi posée par quelques vétérinaires : « Doit-on laisser consommer la *viande des chevaux blancs?* » Il n'a pas admis que le seul fait d'avoir une robe blanche était un motif suffisant pour éliminer un cheval de la consommation. En effet, il a rencontré dans sa pratique beaucoup de chevaux blancs qui ne portaient aucune trace de mélanose; c'est pourquoi il a formulé la proposition 24 ainsi conçue : « La vente de la viande des chevaux blancs peut être autorisée à la condition qu'elle soit tout à fait indemne de dépôts mélaniques. »

Ligne de conduite. — Il n'y a pas lieu de refuser le permis d'abatage : 1° aux chevaux porteurs de tumeurs mélaniques extérieures ou apparentes, sauf quand ces néoplasies ont un aspect trop répugnant; 2° aux chevaux à robe blanche. Tous ces solipèdes sans exception doivent être visités minutieusement après l'abatage, notamment subir un examen de la face interne des épaules. Si cette investigation révèle la présence de lésions mélaniques appréciables, elle doit être suivie d'une inspection d'autres régions connues comme lieux d'élection de la mélanose, notamment des parties profondes du cou et, s'il y a nécessité, des régions sous-lombaires, crurales, etc.

15° Crapaud et Eaux aux jambes du cheval

Dans certaines localités, il est interdit d'abattre des chevaux atteints de crapaud ou d'eaux aux jambes. Ainsi, au Congrès Vétérinaire de 1889, Van Hertsen s'est montré partisan de cette interdiction. Baillet au contraire ne l'a admise que dans certaines conditions : il a conclu à l'acceptation des chevaux présentant du crapaud récent et des eaux aux jambes récentes. Ces deux affections font exclure les chevaux de l'abatage à Toulouse 1889 ; elles n'entraînent que des saisies partielles à Lyon 1884.

Ligne de conduite. — Il y aurait avantage à refuser partout le permis d'abatage aux chevaux chez lesquels les eaux aux jambes et le crapaud seraient invétérés, offriraient un aspect absolument répugnant et répandraient une odeur dégoûtante. Dans tous les autres cas l'admission devrait être de règle.

16e Tétanos

A Berlin, le tétanos ne motive l'interdiction de l'abatage que dans certains cas bien déterminés. Ainsi les chevaux atteints de cette maladie à un faible degré sont admis à l'abattoir et sont ensuite livrés à la consommation, si la viande ne paraît pas altérée à l'autopsie. Par contre, les solipèdes ne peuvent être tués s'ils sont tétaniques à un haut degré, notamment s'ils présentent les symptômes suivants, indices d'une altération évidente des chairs : contractions tétaniques générales, respiration difficile, transpiration abondante, hyperthermie (39° c.). Le permis d'abatage est également refusé, quelle que soit la gravité de l'affection, quand le lieu d'entrée de l'infection tétanique ne peut être reconnu à l'examen sur pied. Ce foyer initial se découvre facilement, s'il se rattache à un traumatisme appréciable ; la recherche en est facilitée par un certificat du vétérinaire traitant, indiquant l'origine et le cours de la maladie. Dans certaines localités, où le tétanos entraîne l'exclusion absolue de la consommation, l'abatage a lieu quand même et il est suivi de la saisie de l'animal abattu. Comme cette maladie ne laisse pas de traces spécifiques sur le cadavre, ce procédé peut provoquer certaines contestations entre l'inspecteur et le boucher ou l'éleveur. Pour éviter tout conflit de ce genre, il me semble plus pratique de laisser les animaux vivants et de les exclure de l'abattoir en cet état. Cette manière d'agir me paraît aussi préférable parce que le tétanos guérit quelquefois, même spontanément.

Ligne de conduite. — L'abatage doit être exclusivement toléré en cas de tétanos très restreint.

17° Limite d'age

La prohibition d'abatage pour limite d'âge est d'un usage fréquent dans certains cas. La plus employée est celle qui s'applique aux sujets en état d'extrême jeunesse ; il en sera question plus tard, au chapitre des saisies. Quelques règlements étendent cette interdiction beaucoup plus loin. Ainsi celui de Parme défend l'abatage des chevaux de moins de deux ans sans un parfait état de développement ; à mon avis, il y a là une exagération et il doit être permis de tuer des solipèdes avant cet âge. A Sion (Suisse) 1883, les vaches et bœufs destinés à la vente publique ne peuvent être abattus avant l'âge de deux ans et demi. Cette mesure ne me semble pas justifiée. Au Havre 1891, il existe une prescription analogue dont l'application paraît difficile, mais qui doit être basée moins sur la jeunesse que sur l'état insuffisant de nutrition, inhérent à cette période de la vie dans certains cas. Ainsi dans cette ville les taureaux, bœufs, vaches, n'ayant pas de dents de remplacement, sont exclus du marché ; toutefois on y admet certains animaux plus jeunes s'ils sont précoces et en bon état pour la boucherie. Il n'y a pas lieu de s'arrêter ici à ces questions qui n'offrent qu'un intérêt local, ne dépassant pas Sion ni le Havre ; il suffisait de les citer.

1° Gale ovine et caprine

En 1875, Zundel écrivait ces lignes : « La gale est si facile à guérir, qu'en bonne police, on ne devrait pas permettre l'entrée de l'abattoir à des animaux galeux, surtout aux moutons. » Il avait eu soin de dire auparavant qu'elle produit souvent une forte maigreur et que, sous son influence, la viande devient de qualité inférieure sans cependant être rendue impropre à la consommation. Les articles 40 et 86 du décret du 22 juin 1882 interdisent l'abatage pour la boucherie, en cas de gale ovine et caprine. Dans mon rapport au Congrès de 1897, j'ai réclamé la suppression de cette interdiction en ce qui concerne les sujets engraissés. Au Congrès Vétérinaire de 1885, Robcis avait déjà demandé l'utilisation alimentaire des moutons gras atteints de gale ; de plus H. Rossignol avait fait remarquer que la loi n'était pas observée et ne pouvait l'être à ce sujet.

Ligne de conduite. — L'abatage des ovins et caprins gras doit être autorisé en cas de gale.

19° Clavelée

La clavelée est une maladie contagieuse, inoculable, spéciale au mouton, caractérisée par une éruption pustuleuse sur la peau et sur diverses muqueuses. L'article 34 du décret du 22 juin 1882 interdit de tuer des sujets qui en sont atteints, alors que l'article 86 permet de les conduire à l'abattoir.

Ligne de conduite. — L'interdiction prévue par l'art. 34 précité, n'a pas sa raison d'être, car les moutons claveleux sont livrés à la consommation s'ils ne présentent que quelques pustules externes sans symptômes de fièvre (Villain et Bascou). Pautet prétend qu'on a laissé parfois consommer à Paris des moutons claveleux dont la viande n'avait pas un très bel aspect, par suite de la présence « d'ecchymoses dans le tissu conjonctif sous-cutané et à la surface des muscles ». Les pustules cutanées de la clavelée confluente très grave, dit Zundel, ont pour conséquence « un épanchement séreux, jaunâtre, colloïde dans le tissu cellulaire sous-cutané » qui permettrait difficilement aux bouchers de mettre la viande en vente.

20° Fièvre aphteuse

La fièvre aphteuse est une maladie virulente, contagieuse et inoculable, caractérisée cliniquement par un état fébrile initial, suivi d'une éruption vésiculeuse en certains points des téguments. Elle s'observe chez le bœuf, le mouton, la chèvre et le porc. Elle entraîne l'interdiction de l'abatage dans certains pays étrangers. L'article 30 du décret du 22 juin 1882 permet de conduire aux abattoirs les plus voisins les animaux atteints de cette affection qui sont presque toujours livrés à la consommation. Au point de vue sanitaire, l'abatage sur place serait préférable, car il éviterait bien des cas de contagion.

21° Rouget du porc

La consommation des porcs atteints de rouget est interdite par l'article 42 du Code rural du 22 juin 1898. Il s'ensuit qu'on devrait prohiber l'abatage de ces animaux. Cette interdiction, déjà prescrite par l'article 22 de l'arrêté ministériel du 28 juillet 1888, ne saurait être admise, car elle est contraire à l'article 16 du même arrêté. Elle semble être, dit Pautet, le résultat d'une inadvertance ; il n'en a jamais été tenu compte dans les ouvrages sanitaires de Galtier, Nocard et Leclainche. D'ailleurs à Paris le susdit article 16 continue à être appliqué par ordre depuis la publication du Code rural (Morel). A la suite d'une communication faite par moi à ce sujet, le 19 août 1899, la Société de Médecine Vétérinaire pratique a, le 12 octobre suivant, sur la proposition de H. Rossignol, décidé de demander à M. le Ministre de l'Agriculture de retrancher le rouget de l'article 42 et de le laisser sour le coup des prescriptions de l'article 16, étant donné qu'en cas de rouge bénin, la viande peut être livrée sans danger à la consommation.

22° Médication par des substances odorantes ou nuisibles

Pour les animaux, récemment traités par des médicaments odorants ou nuisibles dont la viande pourrait être imprégnée, Van Hertsen et Galtier recommandent l'interdiction momentanée de l'abatage jusqu'à complète élimination de ces produits.

CHAPITRE DEUXIÈME

Les saisies totales ou partielles des animaux abattus

Ce chapitre constitue évidemment la partie la plus importante et la plus ardue de ma tâche. Il est facile à la vérité d'énumérer des motifs de saisie, il l'est moins de les définir exactement et de les justifier sans appel. Le Dr A. Moreau en a donné une définition très claire qui me paraît à peu près complète et qui me séduit par sa brièveté. Je me permets de la lui emprunter, telle qu'elle se trouve en tête de sa nomenclature des motifs de saisie, dans l'avant-projet de la sous-commission parisienne.

D'une manière générale, doit être retirée de la consommation toute viande susceptible de renfermer des principes virulents ou toxiques pour l'homme, ou présentant dans ses propriétés organoleptiques des altérations qui la dénaturent, la rendent répugnante, indigeste, insuffisamment nutritive, ou précipitent sa décomposition.

Parmi les causes de saisie dont l'essence est bien déterminée, il en est qui réunissent l'approbation unanime. Parfois pour un même motif ce consentement est absolu dans tous les cas (rage, fièvre charbonneuse, morve, etc.) ; d'autre fois il existe dans certaines circonstances et il manque dans d'autres (ladrerie, tuberculose, extrême jeunesse). Ailleurs le principe même de la saisie est admis par les uns ou rejeté par les autres dans tous les cas (tétanos, psorospermose musculaire, etc.).

En dehors de ces causes de saisie dont la nature ne laisse pas le moindre doute, il en est un grand nombre au sujet desquelles, sur certains points tout au moins, les traités d'inspection les plus récemment parus en France ne fournissent que quelques appréciations imprécises ou obscures, plus ou moins contestées actuellement. Je fais allusion ici à des chairs qu'on accuse de provoquer des accidents morbides, généralement désignés sous le terme vague d'*intoxications alimentaires*. Celles-ci peuvent suivre l'ingestion de viandes saisissables pour des états, bien différents les uns des autres par l'apparence et désignés sous de nombreux vocables également différents. En conséquence, avant d'établir dans ce rapport une liste des motifs de saisie des viandes impropres à la consommation, il est nécessaire d'examiner les empoisonnements d'origine carnée, divisés actuellement en trois groupes : 1° les *infections coli-bacillaires*, 2° les *intoxications par les microbes de la putréfaction*, 3° le *botulisme.*

Intoxications alimentaires

En 1895, à l'Académie de Médecine de Belgique, le Pr Ermengen (de Gand) déclare encore imparfaitement connues les altérations rendant dangereuse l'ingestion de certaines viandes. Il montre que peu de questions d'hygiène ont donné lieu à autant d'opinions contradictoires et de discussions peu concluantes. Il s'appuie sur cet état de choses pour réclamer des recherches plus complètes à ce sujet, dans le but de permettre aux hygiénistes de formuler à bon escient des prescriptions et des règlements destinés à protéger la salubrité publique. Il estime qu'on a attribué dans ces circonstances une trop grande importance étiologique à l'intoxication putride, à l'empoisonnement par les alcaloïdes de la putréfaction ou les ptomaïnes. Avec Ballard, il voit là de véritables maladies infectieuses plutôt que des empoisonnements. Il rappelle que, pour Brouardel et Pouchet, l'hypothèse très vraisemblable des empoisonnements par les ptomaïnes n'a pas tous les caractères de la vérité scientifique.

Il importe de faire précéder le résumé des études d'Ermengen à ce sujet d'un aperçu sur les viandes putréfiées, d'après les travaux de Selmi, Gautier, etc., rappelés par Galtier.

La fermentation putride des chairs est déterminée, avec un dégagement de produits volatils plus ou moins fétides, par diverses bactéries vivant au dépens des matières organiques mortes et recevant l'appellation générique de bactéries saprophytess ou saprogène. Ces microorganismes sont sous forme, les uns de bâtonnets et les autres de *cocci*. Ils produisent dans la viande divers poisons alcaloïdiques de l'ordre des ptomaïnes, dont les effets sont analogues à ceux de la morphine, de l'atropine ou de la muscarine des champignons vénéneux. C'est ainsi qu'une sorte de typhisation peut être occasionnée par les ptomaïnes, dont sont imprégnées la saumure et la charcuterie altérées, les viandes et les poissons en voie de décomposition. La putréfaction des cadavres est due à des microbes reçus par l'organisme pendant la vie, notamment dans les voies digestives, ne devenant actifs qu'après la mort et produisant alors des gaz fétides qui se répandent partout.

Au contact de l'air, qui dépose à leur surface les germes de la fermentation putride, les viandes de boucherie se décomposent plus ou moins vite, *tournent* plus ou moins rapidement suivant leur origine et les conditions ambiantes. Leur putréfaction est favorisée par la chaleur, l'électricité, l'humidité, l'engraissement avancé des sujets, l'abatage rapproché du repas, le séjour prolongé des viscères et notamment des réservoirs digestifs dans les cavités splanchniques, le surmenage, l'état fiévreux, tous les états morbides en général, etc. Elle commence ordinairement dans les parties contiguës aux accumulations graisseuses, à la saignée, aux parties vasculaires plus ou moins imprégnées de sang, aux os, aux viscères restés en contact avec les viandes, etc.

« La viande corrompue, avariée, en état de fermentation putride, prend une odeur désagréable, repoussante et caractéristique ; c'est l'odeur de putréfaction. Elle devient molle, friable, pâle, lavée, noirâtre, brunâtre ou verdâtre, ainsi que les aponévroses et cette teinte se propage rapidement. Le muscle semble macéré ; la chair garde l'empreinte du doigt et laisse échapper, quand on l'incise, des gaz fétides. Les viandes altérées par la fermentation putride, qu'elles proviennent d'animaux sains ou malades, sont impropres à la consommation, répoussantes et mêmes dangereuses pour la santé de l'homme. Elles donnent un bouillon louche et désagréable ; elles contiennent des microbes et des principes toxiques ; leur consommation, même après cuisson, a occasionné plus d'une fois des accidents, des empoisonnements plus ou moins graves. Il est, en effet, parfaitement établi que des alcaloïdes toxiques, dits putréfactifs, se forment durant la fermentation des matières albuminoïdes, dans les cadavres, dans les viandes. » (Galtier, 1885.)

En 1895, Ermengen s'étonne que la théorie de l'intoxication

putride soit restée classique en France, malgré son manque de bases scientifiques. Il la combat dans des termes qui peuvent être ainsi résumés : Il en est des alcaloïdes cadavériques, auxquels on attribue encore aujourd'hui les troubles morbides produits par des viandes, comme du *poison morbide* accusé jadis d'engendrer la fièvre typhoïde, le choléra, les accidents puerpéraux, etc., et de la fameuse *sepsine* qu'on croyait capable de provoquer les affections chirurgicales les plus variées. Cependant, un jour, il a bien fallu convenir que la fièvre typhoïde, le choléra, sont dus à des microbes spécifiques qui se rencontrent accidentellement dans les milieux putrides. En prouvant que les microbes de la pyémie et de la septicémie sont absolument distincts des espèces saprogènes vulgaires, Rosenbach a démontré que ces deux affections étaient bien différentes d'un empoisonnement par des produits de putréfaction quelconque. Le rôle prépondérant des matières animales corrompues s'est ainsi limité de plus en plus. Seuls, les troubles morbides, provoqués par certains produits alimentaires, paraissent encore trouver leur explication dans cette notion routinière de la putridité, et cela persistera jusqu'au jour où l'on s'apercevra que la dénomination impropre d'*empoisonnement par les alcaloïdes toxiques de la putréfaction* n'a servi qu'à cacher notre ignorance de leur nature véritable.

Deux faits frappent l'observateur qui étudie les épidémies imputées à l'usage des viandes de boucherie : 1° *les viandes proviennent presque toujours d'animaux abattus malades ;* 2° *les accidents sont fréquemment consécutifs à l'usage de viandes travaillées, transformées en hachis, pâtés, etc.* Dans 112 épidémies d'origine carnée survenues depuis 1861, ayant frappé dans autant de localités différentes un nombre de personnes s'élevant à un total de près de 6,000, et attribuées chaque fois à la viande d'une seule bête, Ermengen a compté *neuf* animaux dont l'état de santé est resté inconnu et *cent trois* atteints de *pyohémie* ou de *septicémie,* soit encore d'*entérite.* Dans *cinq* cas seulement, l'état de décomposition des viandes a été signalé d'une manière positive. Il faut ajouter que beaucoup d'êtres humains consomment des matières animales corrompues, sans danger pour leur santé, parce que la toxicité des viandes gâtées est très variable et le plus souvent nulle. Les pâtés et les hâchis sont plus dangereux que la viande ordinaire, parce qu'ils renferment généralement des fragments de viscères qui sont plus riches que les muscles en microbes pathogènes.

Les viandes à la fois malades et pourries, c'est-à-dire dans lesquelles coexistent des altérations putréfactives et des altérations pathologiques, sont plus dangereuses que celles simplement pourries. L'ingestion simultanée des produits de la putréfaction, des microbes pathogènes et de leurs toxines, facilite l'éclosion des phénomènes pathologiques. Les microbes saprogènes et leurs produits diminuent la résistance organique et créent l'opportunité morbide. Les viandes offrent donc un grand danger quand elles sont envahies, à la fois, par des saprophytes de la putréfaction et par des germes de certaines maladies. On peut certainement admettre des cas où les chairs, fournies par un animal reconnu absolument sain, deviennent nuisibles uniquement par suite d'un processus de décomposition dont elles sont le siège. Il existe en effet des exemples authentiques d'accidents dus à des aliments de ce genre, dont une partie avait été impunément ingérée avant la putréfaction pendant plusieurs jours. Seulement il ne faut pas généraliser, au point de proclamer nocives et dangereuses toutes les viandes corrompues quelconques.

Des phénomènes morbides sont attribués à des toxines putréfactives contenues dans des conserves, des saucissons, des jambons fumés. « Ces accidents, connus sous le nom de *botulisme,* ont des caractères communs qui les différencient assez nettement des troubles morbides, consécutifs à l'ingestion des viandes de boucherie. Dans quelques épidémies cependant, on a vu des symptômes de botulisme s'ajouter aux manifestations gastro-intestinales, prédominantes dans les troubles pathologiques provoqués par des viandes malades. Les conserves et les jambons, reconnus toxiques, ne présentent pas généralement des caractères de putridité bien manifestes. Au contraire, dans la plupart des observations, on se borne à constater que leur aspect, leur odeur et leur goût étaient normaux ou particuliers; d'autre fois la viande, sans saveur ni odeur spéciale était molle, flasque, sans trace de décomposion dans les deux cas. »

Dans diverses épidémies observées de 1889 à 1895, à la suite de l'ingestion de viandes de veaux atteints d'entérite ou de vaches affectées de mammite, de diarrhée, d'entérite, de septicémie de parturition, on a trouvé dans ces viandes, et parfois dans les matières fécales des personnes malades, des variétés à peine distinctes d'un seul et même microbe appartenant au groupe des *coli-bacilles*. Parmi ces variétés il faut citer le *bacillus enteridis*, le *bacille des veaux de Moorseele* et le *bacillus bovi morbificans* qu'Ermengen considère comme identiques.

Les maladies des animaux, qui rendent les viandes insalubres et susceptibles de produire chez l'homme les troubles morbides précités, sont les processus inflammatoires et pyohémiques, les accidents septiques ou septicémiques compliquant la parturition chez la vache, la phlébite ombilicale, la polyarthrite généralisée des veaux, certaines entérites ou pneumo-entérites épizootiques. Les microorganismes, trouvés dans la chair des animaux atteints de ces maladies, sont des *coli-bacilles*. Les accidents, produits par ces viandes malades, se manifestent par des symptômes de gastro-entérite plus ou moins graves, accompagnés généralement de phénomènes adynamiques ou ataxiques.

Ermengen fait les recommandations suivantes au sujet des animaux abattus, en cas de processus pyohémiques ou septicémiques, de pneumo-entérite, d'entérite infectieuse ou de toute autre maladie pouvant être confondue avec ces deux dernières affections : Les viscères devraient être saisis, quel qu'en soit l'état de conservation. Il y a lieu d'examiner s'il ne conviendrait pas d'exiger pour les viandes la mise en vente sur place, alors même qu'elles n'offriraient aucune altération appréciable, de manière à assurer leur consommation à bref délai et d'interdire leur transformation en hachis, pâtés. A ce point de vue, la stérilisation à l'autoclave constituerait une mesure générale très recommandable, bien que la valorisation de ces viandes ne puisse être admise que dans des limites restreintes et en l'absence de toute trace de dégénérescence musculaire.

Basenau, dit Ermengen, ne doute pas que des viandes, d'aspect absolument normal, envahies par le *bacillus bovi morbificans*, ne puissent occasionner des accidents mortels chez l'homme sans que rien d'apparent n'avertisse du danger. Aussi propose-t-il de soumettre toutes les chairs provenant d'animaux abattus *in extremis* à une expertise microscopique, avant de les livrer à la consommation. Si des microorganismes sont découverts dans le suc musculaire ou si des cultures en révèlent la présence, la viande doit être exclue de la consommation. Ostertag approuve cette méthode d'inspection, qui permettrait de reconnaître sûrement si les viandes sont ou non septicémiques ou pyohémiques.

En 1898, Nocard et Leclainche insistent sur le rôle infectieux d'une variété du *bacterium coli commune*, découverte en 1894 par Jensen dans une gastro-entérite compliquée de septicémie, chez des veaux atteints de diarrhée. L'intestin des veaux sains renferme normalement et constamment une bactérie non pathogène, variété du *bacterium coli commune*, analogue à la bactéridie ovoïde des septicémies hémorragiques et qui est répandue dans les étables avec les excréments. Cette bactérie devient pathogène dans certaines conditions qui diminuent la résistance des tissus, notamment à la suite de troubles digestifs ; c'est alors que la diarrhée infectieuse se développe chez le veau et, à ce moment, le microbe pullule non seulement dans l'intestin, mais aussi dans tout l'organisme, notamment dans le sang, les centres nerveux, les parenchymes, la caillette, etc.

Ce *coli-bacille* pathogène se retrouve seul ou associé à d'autres formes bacillaires, dans diverses maladies des animaux, par exemple dans les thromboses de l'omphalo-phlébite chez le veau, dans la vaginite septique et dans les plaies gangréneuses consécutives au part chez la vache. Certaines formes saprophytes ou pathogènes du *coli-bacille* provoquent chez l'homme des accidents plus ou moins graves, si elles sont introduites dans le tube digestif. « En d'autres cas, les intoxications sont dues aux toxines formées par les bacilles dans les matières ingérées. Des accidents fréquents ont été rapportés à la suite de l'ingestion des viandes, provenant de veaux affectés de la diarrhée à coli-bacille. » (Nocard et Leclainche.)

Dans une excellente étude publiée en 1900, sur le rôle des microbes de la viande dans les intoxications alimentaires, G. Portet reconnaît que ces accidents reconnaissent le plus souvent pour causes des microorganismes pathogènes. Il ajoute que, malgré leur grand nombre apparent, ces microbes peuvent être ramenés à trois types bien tranchés :

1° Les *coli-bacilles* ; 2° les *bactéries de la putréfaction* (*Proteus*) ; 3° le *bacillus botulinus*.

1° Les formes coli-bacillaires provoquent chez l'homme une entérite infectieuse d'intensité variable. 2° Les chairs putréfiées restent inoffensives avec le *bacterium termo* ; mais sous l'influence pathogène des bactéries du genre *Proteus*, associées aux microbes saprophytes des viandes, elles peuvent produire des troubles gastro-intestinaux, accompagnés ou non de manifestations adynamiques, typhoïdes. 3° Les viandes impunément consommables fraîches entrent en fermentation en présence du *bacillus botulinus* après plusieurs semaines de conservation. Sous l'influence des produits toxiques élaborés par ce microorganisme en dehors de l'économie, dans les milieux inertes où il a vécu en saprophyte, on voit se développer le *botulisme* caractérisé par des symptômes neuro-paralytiques, souvent précédés de troubles gastro-intestinaux passagers. Le *bacille botulinique* est un microbe toxicogène qui tue comme les champignons vénéneux. Il a été découvert par Ermengen en décembre 1895, dans un jambon qui avait causé de nombreux cas de botulisme.

En général, les viandes provenant d'animaux absolument sains ne renferment intérieurement aucun microbe et sont, en un mot, aseptiques, même au début de la putréfaction ; les bactéries de la décomposition putride ne pénètrent que tardivement dans la masse des chairs.

Les viandes saisissables comme impropres à la consommation renferment habituellement des microbes nombreux, à l'état de saprophytes le plus souvent et ne devenant virulents (quelques-uns) que dans certaines circonstances. Parmi ces microorganismes se trouvent notamment les trois types, indiqués ci-dessus comme étant les agents ordinaires des troubles morbides d'origine carnée. Ces accidents sont tantôt des toxi-infections endogènes (infection coli-bacillaire), tantôt des toxi-infections ectogènes (putréfaction), tantôt des intoxications pures (botulisme).

Sur des viandes saisies à l'abattoir ou sur les marchés de

Toulouse, comme fiévreuses, saigneuses, hydroémiques, étiques, trop jeunes ou en état de putréfaction commençante, non seulement à l'état de conservation, mais encore à l'état frais, G. Portet a toujours trouvé divers microbes, tels que *staphylocoques*, *streptocoques*, *coli commune*, et au bout de peu de temps des bactéries de la putréfaction. Cela explique, dit-il, pourquoi les viandes malades ou étiques, étant septiques, constituent un terrain tout à fait favorable au développement des germes ; elles se putréfient bien plus vite que les viandes saines, car elles sont envahies très rapidement par les microbes de la putréfaction venant à la fois du dehors et du sang.

NOMENCLATURE DES MOTIFS DE SAISIES

Il faut qu'une porte soit ouverte ou fermée, si l'on en croit un proverbe connu. On peut en dire autant d'une liste des motifs de saisies. La liste *fermée* n'a pas sa raison d'être dans l'état actuel de la science et ne compte aucun partisan. En effet, comme le dit fort justement Lignières, « vouloir indiquer tous les motifs de saisie, s'est s'exposer à donner une nomenclature incomplète, parfois draconienne, et souvent mauvaise. » J'ai donc établi une nomenclature *ouverte* des motifs de saisie, propre à laisser une large initiative aux vétérinaires-inspecteurs, mais permettant d'empêcher, autant que possible, les abus de cette initiative dans le sens de la tolérance comme dans celui de la rigueur. Je prévois que mon classement des motifs saisie soulèvera quelques critiques. Je ne demande à mes confrères, qui en signaleront les défauts, que de vouloir bien en présenter un meilleur au Congrès. Je dis un meilleur et non un parfait, car j'estime que la perfection n'est pas de ce monde en fait de liste des motifs des saisies.

Ma nomenclature se rapporte à toutes les espèces animales servant à l'alimentation de l'homme, pour les cas où les motifs de saisie peuvent s'appliquer à une ou à plusieurs d'entre elles. Elle comprend aussi celles qui sont l'objet de la mention suivante au § 11 du projet de règlement de Lignières ; « Saisie des gibiers, volailles, poissons, crustacés et mollusques *altérés*. On emploie ce mot *altéré*, car on ne peut se prononcer autrement, n'étant par sûr de la maladie. » J'ai renoncé aux divisions par espèces animales, malgré leur avantage, pour ne pas donner à mon classement une longueur démesurée.

Le manque de temps, par suite de mes occupations absorbantes de Secrétaire général adjoint du Comité d'organisation du Congrès, le désir de ne pas trop allonger ce rapport, la conception de ma tâche limitée à l'établissement d'une liste des principaux motifs de saisie et à leur justification, ne comportant point par conséquent la présentation d'un manuel d'inspection des viandes, m'ont mis dans la nécessité de laisser de côté certains motifs de saisie et de ne donner qu'une simple énumération de quelques autres. Je prie le Congrès de vouloir bien ne pas trop me tenir rigueur de ces omissions involontaires, que je regrette moi-même autant que quiconque.

Tableau des motifs de saisie des viandes impropres à la consommation

PREMIÈRE CLASSE. — SAISIES TOTALES ABSOLUES

Première Série. — Viandes microbiennes

1° Pyémie confirmée ou douteuse; 2° Septicémie gangreneuse confirmée ou douteuse; 3° Diarrhée infectieuse des jeunes animaux (Polyarthrite infectieuse); 4° Charbon bactéridien; 5° Charbon syptomatique; 6° Rage ou suspicion de rage; 7° Morve et farcin des équidés; 8° Peste bovine; 9° Infection typhoïde du cheval.

Deuxième Série. — Viandes parasitaires

1° Trichinose.

Troisième Série. — Viandes altérées facilement putrescibles

1° Viandes surmenées; 2° Viandes fiévreuses; 3° Viandes très saigneuses; 4° Mort naturelle consécutive à une maladie quelconque; 5° Mort accidentelle non suivie de saignée et d'éviscération immédiates.

Quatrième Série. — Viandes altérées répugnantes

1° Viandes empoisonnées (Intoxication générale); 2° Viandes à odeurs anormales désagréables, dues à l'ingestion de médicaments ou d'aliments, à des secrétions, à un état pathologique, etc.; 3° Viandes urémiques; 4° Viandes ictériques.

Cinquième Série. — Viandes insuffisamment alibiles

1° Viandes fœtales; 2° Viandes trop jeunes; 3° Viandes étiques; 4° Viandes cachectiques; 5° Viandes hydroémiques; 6° Maigreur accentuée associée à un état morbide soit anormal, léger ou douteux.

DEUXIÈME CLASSE. — SAISIES TOTALES OU PARTIELLES SELON LES CAS

Première Série. — Viandes microbiennes

1° Tuberculose dans toutes les espèces animales, avec adaptation détaillée et très claire de l'arrêté ministériel du 28 septembre 1896 aux conclusions du Congrès Vétérinaire de Baden-Baden 1899; 2° Pseudo-tuberculose du mouton; 3° Farcin du bœuf; 4° Actinomycose; 5° Botryomycose; 6° Tétanos; 7° Coryza gangreneux; 8° Rouget de porc; 9° Pneumo-entérite infectieuse du porc; 10° Septicémie hémorragique des bovidés; 11° Lymphangite ulcéreuse du cheval; 12° Lymphangite épizootique des solipèdes; 13° Gourme des solipèdes; 14° Péripneumonie contagieuse; 15° Fièvre aphteuse; 16° Clavelée; 17° Putréfaction imminente ou confirmée.

Deuxième Série. — Viandes parasitaires

1° Ladrerie ; 2° Cœnurose ; 3° Psorospermose musculaire.

Troisième Série. — Viandes altérées répugnantes

1° Tumeurs ou néoplasies ; 2° Dégénérescence pigmentaire ou infiltration mélanique ; 3° Dégénérescence vitreuse ou cireuse des muscles ; 4° Dégénérescence graisseuse des muscles ; 5° Concrétions calcaires des muscles ; 6° Ecchymoses multiples des muscles.

TROISIÈME CLASSE. — Saisies partielles absolues

Première Série. — Lésions locales intéressant différents tissus

1° Traumatismes divers (contusions, plaies, luxations, fractures, etc.) ; 2° Lésions inflammatoires ou consécutives à l'inflammation (exsudats inflammatoires, néoformations inflammatoires, suppuration, hypertrophie, gangrène locale, etc.) ; 3° Tumeurs simples (fibromes, kystes, etc.) ; 4° Dégénérescence diverses (sclérose, atrophie, crapaud, eaux aux jambes, épanchements séreux, œdèmes, etc.) ; 5° Lésions parasitaires diverses (distomes, cysticerques ténuicolles, échinocoques, strongles, coccidies, etc.).

Deuxième Série. — Altérations de la viande ou des organes postérieures à la mort des animaux

(Dessication, relent, œufs et larves d'insectes, souillures par des matières provenant des réservoirs digestifs ou par des substances malpropres quelconques, etc.)

Note importante

Pour tous les états morbides ou anormaux omis dans ce tableau ou n'y figurant point pour un motif quelconque, la décision à prendre est laissée à l'appréciation du vétérinaire-inspecteur. Toute saisie faite dans ces conditions doit être l'objet d'une mention justificative au registre des opérations du service d'inspection, ainsi que sur les certificats de saisie délivrés aux propriétaires des animaux. En cas de conflit entre les intéressés, le fait est notifié sans retard à la Municipalité en un rapport sommaire spécial.

ANNEXE

I. — *Falsifications alimentaires diverses nécessitant la saisie* (Saucissons additionnés : 1° d'eau et de farine, etc.; 2° de peau; 3° de produits chimiques; 4° de viandes d'espèces animales spéciales; 5° de viandes *passées*, de viandes malades, etc.)

II. — *Remarques sur diverses pratiques relatives aux viandes et à l'inspection* (1° Substitution frauduleuse d'une espèce à une autre. Chat, chien, taureau, bélier, bouc, chèvre, verrat, truie, etc.; 2° Soufflage; 3° Viandes congelées; 4° Stérilisation de certaines viandes d'animaux malades; 5° Étaux de basse boucherie, etc.).

PREMIÈRE CLASSE. — SAISIES TOTALES ABSOLUES

Première série. — Viandes microbiennes

1° *Pyémie confirmée ou douteuse*

La pyémie ou infection purulente est une grave complication des plaies en pleine suppuration, c'est-à-dire déjà bourgeonnantes. Elle résulte de l'envahissement de l'organisme par des microbes pyogènes (bacille pyogénique, microcoque pyogène, staphylocoque pyogène, streptocoque pyogène), par des microbes spécifiques qui peuvent être eux-mêmes pyogènes ou le devenir (bacilles de le tuberculose, de la morve, etc.), soit par des toxines microbiennes. Ces microbes sécrètent une matière toxique propre à infecter et transformer en globules de pus les leucocytes, qui deviennent ainsi porteurs de matières phlogogènes et pyogènes.

La dissémination des microbes pyogènes par la voie des

vaisseaux provoque la formation d'abcès dits métastatiques dans les parenchymes (le poumon, le foie, la rate), les cavités séreuses, les muscles et le tissu intermusculaire. La condition étiologique prédominante de la pyémie, d'après Nocard, c'est la suppuration des veines ou du tissu osseux (spongieux ou médullaire) de la région où siège le traumatisme. Cette infection procède le plus souvent chez le cheval d'une phlébite jugulaire ou ombilicale, d'une lésion purulente du sabot (suppuration du riche réseau veineux ou du tissu osseux aréolaire de la troisième phalange), d'un mal de garrot, de nuque ou d'encolure (suppuration interstitielle de l'occipital, des apophyses épineuses des vertèbres cervicales et dorsales.)

Dans la première édition de son *Traité de police sanitaire*, 1880, p. 232, Galtier indique la ligne de conduite suivante aux inspecteurs en cas de pyémie : « Les viandes d'animaux morts à la suite d'infection purulente ne doivent jamais être livrées à la consommation. Il n'y a donc pas à hésiter quand des foyers purulents se rencontrent dans les viscères. Mais peut-on agir de la même façon quand il s'agit de viandes provenant d'un animal qu'on a fait sacrifier, alors que la maladie n'était qu'à son début, lorsqu'il n'y avait encore que de la fièvre et que des complications étaient à craindre à la suite d'une opération, par exemple, lorsqu'on trouve pour toutes lésions des congestions générales ou simplement locales ? Là encore il faut agir avec la même rigueur, car s'il n'y a pas d'abcès métastiques formés, il y en a en voie de formation, il y a des congestions, des ecchymoses dans les organes qui doivent suffire pour faire rejeter la viande de la consommation, d'autant plus que la fièvre, quelle que soit sa cause, agit défavorablement sur les chairs. »

D'après Ostertag, la viande d'animaux atteints d'infection purulente n'a encore jamais produit la pyémie chez l'homme. Néanmoins, comme les bactéries pyogènes des animaux domestiques doivent être considérées comme identiques à celles de l'homme, jusqu'à preuve du contraire, Ostertag et Brusaferro regardent comme nuisible la viande des animaux pyémiques. Ces microbes résistent beaucoup à la chaleur et ne peuvent être stérilisés qu'après une cuisson prolongée de la viande. Selon Ostertag et Brusaferro, les animaux qui ont été atteints de pyémie peuvent être livrés à la consommation lorsqu'ils ont repris leur bien-être, après que l'infection du sang a cessé, grâce à l'élimination des bactéries et de leurs produits, grâce à la disparition des phénomènes généraux. Dans ce cas, les abcès anciens, enkystés et en voie de dégénérescence, ne doivent pas être considérés comme nuisibles à la viande. Celle-ci peut, suivant ces auteurs, être consommée librement, après rejet des parties et des organes farcis d'abcès de ce genre.

C'est sans nul doute la crainte de la pyémie qui a fait inscrire, dans un grand nombre de règlements hippophagiques, l'exclusion des chevaux atteints « *de plaies purulentes ou d'abcès, même au sabot.* »

L'arthrite purulente infectieuse du veau, de l'agneau et du poulain, est une forme pyémique assez fréquente. Elle survient quand le pus pénètre directement de la veine ombilicale en suppuration dans la veine-porte, faute d'oblitération de la partie supérieure du premier vaisseau ou de son obstruction par un caillot sanguin en voie normale de regression. Parfois cette pyémie se traduit seulement par des abcès métastiques du poumon et du foie, ou même seulement de ce dernier organe. Dans tous les cas, la saisie totale s'impose quand ces lésions des viscères sont de formation très récente et que les animaux sont très jeunes. Elle est de rigueur également, quel que soit l'âge du sujet et des lésions, quand il s'agit d'abcès multiples des muscles, des espaces intermusculaires ou des cavités articulaires (je ne parle pas ici, bien entendu, de l'arthrite exsudative caractérisée par une synovie trouble mélangée de fausses membranes). Il y a lieu de considérer, comme un abcès purement local et n'entraînant que la saisie du foie, la suppuration de la veine ombilicale fermée à sa partie supérieure, alors même que des abcès existent à son voisinage dans une région *très limitée* du tissu hépatique tout à fait périphérique. Il est regrettable qu'aucun auteur de traité d'inspection n'ait encore indiqué à quel âge, chez les jeunes animaux de lait, les abcès secondaires du poumon et du foie peuvent être considérés comme guéris ou en voie de guérison et cesser ainsi d'être un danger pour la viande.

Ligne de conduite. — La saisie totale est de rigueur en cas de pyémie confirmée ou douteuse.

2° *Septicémie gangréneuse confirmée ou douteuse*

La septicémie gangréneuse est une maladie virulente, inoculable, observée chez l'homme et chez plusieurs espèces animales, par exemple le cheval, le bœuf, le mouton, la chèvre et le porc. Elle est due à l'envahissement des tissus par le *vibrion septique*, qui est abondamment répandu à l'état de spores dans les milieux extérieurs tels que la terre, les poussières atmosphériques, l'eau. Ce microbe se rencontre dans les tumeurs gangréneuses et les épanchements des séreuses ; on le trouve dans le tissu conjonctif, les muscles, le sang. La septicémie gangréneuse correspond à la gangrène traumatique des vétérinaires, à l'œdème malin de Koch, à la gangrène gazeuse des chirurgiens (Nocard et Leclainche).

Les viandes septicémiques sont sales, molles, friable et renferment souvent des gaz fétides, indices de fermentation putride, etc. ; elles peuvent déterminer par l'inoculation directe l'œdème malin de Koch et, par ingestion, des coliques et quelquefois de véritables empoisonnements (Villain et Bascou).

Le fait suivant montre que les viandes septicémiques n'ont pas toujours le vilain aspect ci-dessus signalé : En 1893, Borgeaud (de Lausanne) saisit une vache abattue par nécessité deux jours après une tentative de délivrance artificielle consécutive à un vêlage assez facile, au moment où il y a fièvre, perte de lait et impossibilité du lever. La viande et tous les organes « *ont belle apparence* » sauf la matrice qui est congestionnée et contient sept à huit litres de sérosité rougeâtre inodore. Le bassin offre un peu d'œdème dont la sérosité renferme de longs filaments pareils à des vibrions septiques, et la sérosité utérine présente des bacilles plus courts que les précédents. Les cultures de ces microorganismes en donnent d'autres du même genre que ceux des animaux soumis à l'inoculation. Le sang et la pulpe du foie ne montrent aucun microbe. Trois cobayes inoculés, l'un avec de la sérosité de l'œdème du bassin et deux avec du liquide de la matrice, meurent avec tous les symptômes classiques de la septicémie expérimentale.

Dans la pratique, dit Borgeaud, on confond souvent la pyémie et la septicémie; sous ce dernier terme, on n'entend pas seulement la septicémie classique causée par le vibrion septique, mais bien toutes ces maladies à signes infectieux, caractérisées par le développement de microorganismes encore peu étudiés. Pour ce vétérinaire, les cas les plus redoutables sont la métrite septique survenant à la suite du vêlage et l'omphalophlébite septique des veaux. Dans les cas visés par Borgeaud, le terme septico-pyémie est employé couramment de préférence au mot pyémie. Le 28 mai 1895, à l'Académie de Médecine, le Dr Vallin a insisté sur le danger des viandes de veau affectées de septico-pyémie aiguë ou chronique consécutive à une phlébite ombilicale.

Les traumatismes graves consécutifs à la parturition et intéressant les organes génitaux, le rectum, etc., sont susceptibles de provoquer des accidents septiques. Les mêmes complications peuvent se produire avec l'avortement ordinaire, soit avec l'avortement infectieux; (on sait que ce dernier se présente sous diverses formes dues à une infection spécifique du fœtus (Nocard), de la matrice (Bang), du tube digestif de la vache (Lignières). La décomposition putride de l'arrière-faix non expulsé, consécutive à des fermentations intra-utérines, peut être suivie d'intoxication par le fait de la résorption de produits toxiques solubles formés en abondance dans la matrice; cet accident provoque souvent des complications septiques. La fièvre vitulaire, encore appelée fièvre puerpérale, ne serait, d'après certains, qu'une forme de *septicémie de parturition ;* c'est en tout cas une affection de nature toxémique, une intoxication dont l'origine n'est pas encore bien connue (Bournay). Plusieurs règlements mentionnent la fièvre vitulaire comme un cas d'exclusion de la consommation, notamment ceux de Bucharest 1889 et de Roumanie 1890.

Dans la première édition de son *Traité de police sanitaire*, 1880, p. 279, Galtier trace la ligne de conduite suivante à l'égard des animaux septicémiques : « Il convient que les vaches atteintes de métrite, qui succombent à l'infection septique ou qui sont seulement menacées ou déjà atteintes de cette affection, ne soient jamais livrées à la boucherie. Tout animal atteint ou *soupçonné* d'être atteint de septicémie doit être éloigné de la consommation, que la maladie soit essentielle ou qu'elle soit venue compliquer une autre maladie. Toute viande provenant d'animaux septicémiques ou devenue septique doit être saisie. »

Il n'y a pas encore bien longtemps, la septicémie et l'infection putride étaient tout à fait confondues. En 1892, Nocard les a différenciées en se basant sur l'inoculabilité de la première et la non-inoculabilité de la seconde. Dans son *Traité d'inspection* de 1892, Ostertag fait une entité spéciale de l'infection putride, qu'il désigne également sous le nom de *saproémie*. Il la considère comme étant due à la pullulation de bactéries saprophytes, sur la viande ou sur des parties malades du corps en communication avec l'extérieur. Ces microorganismes ne passent pas dans le sang, mais ils produisent sur place des toxines qui peuvent être résorbées. Elles se développent surtout en cas de fractures osseuses, de gangrène pulmonaire, de péricardite traumatique, de rétention de l'arrière-faix, de péritonite perforative. Quand ces deux derniers accidents coexistent avec l'infection putride, la viande offre, d'après certaines personnes, une odeur marquée de putréfaction ; il est prudent de la considérer comme dangereuse, surtout si la matrice est le siège d'un processus inflammatoire ou si elle présente des processus gangréneux à odeur suspecte. La viande pourrait être vendue à l'étal spécial en cas de péricardite traumatique, car il est démontré depuis longtemps par la pratique qu'elle n'est pas dangereuse (Ostertag, 1892).

La rétention du fœtus putréfié, emphysémateux, est encore peu connue au point de vue de la bactériologie, malgré les intéressantes recherches de Lucet (Bournay). Elle peut être classée dans la saproémie, lorsqu'il y a véritablement putréfaction fœtale. D'après Zundel, ce cas entraîne la saisie de la viande de la mère, lorsque l'odeur de putréfaction s'est communiquée aux chairs ; il ajoute que le fait est difficile à constater après enlèvement des organes digestifs et génitaux. Au dire de Baillet, 1880, « la présence d'un veau mort dans le ventre de la mère ne peut entraîner le refus de celle-ci que tout autant que l'accident a provoqué dans la partie postérieure du corps les désordres caractéristiques de l'infection purulente. »

Ligne de conduite. — La saisi totale s'impose quand la septicémie gangréneuse est confirmée ou simplement douteuse. Elle doit également avoir lieu en cas de saproémie évidente.

3° *Diarrhée infectieuse des jeunes animaux (Polyarthrite infectieuse)*

La diarrhée infectieuse des veaux est due à la présence d'une variété pathogène du *bacterium coli commune* dans tout l'organisme (voir page). Elle survient en général vingt-quatre ou quarante-huit heures après la naissance, plus rarement du troisième au cinquième jour. La mort arrive ordinairement en deux ou trois jours et plus rarement au bout de quatre à huit jours. « Les viandes et les viscères des animaux affectés de diarrhée infectieuse doivent être rejetés de la consommation. Des observations nombreuses montrent que leur ingestion détermine chez l'homme des accidents graves, dus aux toxines secrétées ou, plus probablement, à la pullulation dans l'intestin des bactéries ingérées » (Nocard et Leclainche). « Des maladies analogues à la diarrhée des veaux sont constatées chez d'autres espèces : on peut prévoir que la diarrhée des poulains (Garreau) et celle des agneaux (Nikolski) sont dues à une infection de même type. On sait que le *coli-bacille* joue un rôle considérable dans la pathogénie des diarrhées infantiles » (Nocard et Leclainche).

La polyarthrite exsudative infectieuse précède, accompagne ou suit la diarrhée infectieuse des jeunes animaux, ainsi que je l'ai observé sur le poulain, le veau et l'agneau. J'estime, comme je l'ai déjà dit autrefois, que cette affection doit être, au point de vue étiologique, absolument distinguée de la polyarthrite suppurative consécutive à l'infection purulente ombilicale, comme elle s'en distingue déjà au point de vue anatomo-pathologique. Depuis longtemps, elle est considérée par plusieurs vétérinaires comme une complication de la gastro-entérite; tout porte à admettre qu'elle est due, de même que la diarrhée infectieuse des jeunes animaux, à la pullulation de la variété pathogène du *bacterium coli commune* dans l'organisme. En effet, j'ai presque toujours vu la polyarthrite exsudative sur des poulains et des veaux dépourvus de lésions de l'ombilic et notamment de phlébite ombilicale. En outre, j'ai constaté de nombreux cas de phlébite ombilicale du veau avec ou sans abcès secondaires du foie et parfois du poumon, avec ou sans polyarthrite dans l'une ou l'autre de ces conditions.

Ligne de conduite. — La saisie totale doit être pratiquée dans tous les cas de diarrhée infectieuse et de polyarthrite infectieuse aiguë des jeunes animaux. Les sujets qui guérissent, au lieu de succomber à cette dernière affection, conservent des lésions articulaires chroniques. Ces altérations entraînent la saisie totale lorsqu'elles siègent dans la plupart des articulations du tronc et des membres avec un volume considérable. Si elles sont moins nombreuses et moins étendues, elles motivent la même exclusion quand elles coïncident avec un état de maigreur qui, à lui seul, ne suffirait point à provoquer la confiscation du sujet. Les animaux guéris, porteurs de ces lésions chroniques *restreintes*, peuvent être livrés à la consommation après un large enlèvement des articulations atteintes, lorsqu'ils sont en assez bon état de nutrition et non fiévreux.

4° *Charbon bactéridien*

Le charbon bactéridien ou fièvre charbonneuse est une maladie générale, virulente, inoculable, commune aux principales espèces domestiques et à l'homme, due à la présence de la bactéridie de Davaine dans le sang et tous les tissus. Il est fréquent chez le cheval, le bœuf, le mouton et la chèvre, rare chez le porc.

Ligne de conduite — La saisie totale est imposée avec juste raison par l'article 42 du Code rural, car les manipulations et l'usage alimentaire des viandes des bêtes charbonneuses sont excessivement dangereux.

5° *Charbon symptomatique*

Le charbon symptomatique, appelé aussi *charbon bactérien*, *charbon à tumeurs*, *charbon emphysémateux*, présente de nombreuses analogies avec la *septicémie gangréneuse* de Pasteur et devrait, même d'après Kitt, lui être assimilé. C'est une maladie virulente, inoculable, caractérisée cliniquement par le développement de tumeurs emphysémateuses dans les muscles de diverses régions, s'observant surtout chez les bovidés, plus rarement chez le mouton et la chèvre, tout à fait exceptionnellement chez le cheval. Elle est due à la présence d'une bactérie spécifique *(bacterium Chauvœi)* découverte par Arloing, Cornevin et Thomas, dont on ne peut nier l'étroite parenté avec le *vibrion septique* (Nocard et Leclainche).

La virulence, localisée d'abord dans les tumeurs spécifiques, s'étend peu à peu dans les œdèmes périphériques et les ganglions lymphatiques voisins. Elle est généralisée au moment de la mort et s'observe notamment dans les épanchements des séreuses, la rate, le foie, les reins, le poumon, le contenu de l'intestin, etc. Le sang n'est envahi que dans les dernières périodes de la maladie, par le microbe spécifique qui y est trop rare pour être décélé par un examen direct immédiat.

Ligne de conduite. — L'article 42 du Code rural ordonne avec raison la saisie totale des animaux abattus au cours de l'infection bactérienne, bien que l'homme soit entièrement réfractaire au charbon symptomatique. « L'observation démontre que, en dehors même des tumeurs spécifiques, le muscle offre un terrain favorable aux agents de diverses fermentations. Les accidents graves d'intoxication qui peuvent résulter de l'ingestion de ces viandes justifient la saisie totale dans tous les cas. » (Nocard et Leclainche.)

6° *Rage ou suspicion de rage*

La rage est une maladie virulente inoculable, due à la présence dans le système nerveux d'un agent spécifique et caractérisée par des troubles d'origine cérébrale et médullaire. Elle peut être contractée par tous les mammifères, l'homme y compris. La virulence siège constamment dans le cerveau et dans la moelle épinière. Elle est moins constante et moins marquée dans les nerfs que dans les centres nerveux. Elle n'existe pas en dehors de ces organes nerveux et de certaines glandes (salivaires, lacrymales, pancréatiques, mammaires). Les muscles, le foie, la rate, le sang et la lymphe en sont dépourvus. (Nocard et Leclainche). La rage accidentelle apparaît ordinairement du quinzième au soixantième jour chez toutes les espèces domestiques; le maximum d'incubation peut être fixé à dix ou douze mois.

La viande des animaux enragés n'est pas nuisible par elle-même et pourrait être consommée sans transmettre la maladie, disaient H. Bouley et Nocard en 1878 ; mais elle doit être exclue de l'alimentation en raison des terreurs qu'éprouveraient les personnes qui, après s'en être nourries, viendraient à en connaître la provenance. On sait, en effet, que la peur de la rage, même sans motifs réels, est capable de faire naître des maladies graves et même mortelles. Pour Galtier, 1885, l'effroi causé aux populations par le nom seul de la rage suffit à rendre rationnelle la dénaturation de la viande, bien que celle-ci, une fois cuite, soit inoffensive au point de vue de la contagion. En raison de l'épouvante causée par la rage, Van Hertsen n'admet pas le débit des animaux abattus immédiatement ou peu après la morsure d'une bête enragée, contrairement à l'opinion de Röll (1870).

La saisie totale des bêtes enragées est prescrite par l'art. 14 de la loi du 21 juillet 1881 et l'art. 42 du Code rural. Conformément à l'art. 55 du décret du 22 juin 1882, les animaux herbivores, qui ont été mordus par un animal enragé, doivent subir une surveillance vétérinaire de six semaines au moins ; « il est interdit aux propriétaires de s'en dessaisir avant l'expiration de ce délai, si ce n'est pour les faire abattre » dans un atelier d'équarrissage.

Au Congrès vétérinaire de 1888, à Paris, Nocard a combattu ainsi cette dernière prescription qu'il a qualifiée d'excessive : Durant les six jours consécutifs à la morsure, les animaux mordus ne peuvent être considérés comme enragés ; ils devraient donc être livrés à la boucherie dans ce laps de temps. L'usage alimentaire de la chair de bêtes non actuellement enragées, mais seulement menacées de le devenir à plus ou moins longue échéance, serait certainement sans danger, puisque les animaux les plus aptes à contracter la rage restent toujours indemnes après l'injection de très grandes quantités de sang provenant de sujets morts de cette maladie.

Tisserant, directeur de l'agriculture, déclare que la proposition Nocard est en opposition formelle avec l'avis de la Commission du Conseil d'État et du Comité des épizooties, comme avec l'art. 14 de la loi sanitaire. *Quivogne, Decroix, Butel, H. Rossi-*

gnol, *Boutet* et *Larmet* protestent tour à tour contre l'amendement Nocard. *H. Rossignol* rapporte le fait suivant : Après avoir mangé pendant deux mois consécutifs de la viande de plusieurs vaches enragées, deux chiens d'un équarrisseur de Melun ont contracté successivement la rage ; il est présumable qu'ils se sont inoculés avec la moelle épinière, au moyen d'une esquille du canal vertébral. *Butel* et *Boutet* réclament la saisie des animaux mordus pour prévenir les paniques de la foule, et éviter les angoisses aux personnes qui apprendraient qu'elles ont, à leur insu, mangé de la viande de ces bêtes. Après cette discussion, la proposition Nocard est repoussée.

Au Congrès vétérinaire de 1889, A. Chauveau a appelé l'attention des vétérinaires sur la rigueur excessive des règlements sanitaires, qui défendent de livrer à la boucherie les animaux mordus par des chiens enragés, même dans les premiers jours suivant la morsure. Viseur s'étonne qu'on interdise de vendre cette viande, alors qu'elle ne peut offrir aucun danger, et que l'interdiction cesse au bout de six semaines, lorsque précisément les animaux sont plus dangereux que jamais, puisqu'ils sont peut-être à la veille de devenir enragés ; il réclame l'abatage immédiat des bêtes venant d'être mordues et l'utilisation de leur viande ; sinon, il demande la prolongation de l'interdiction de vente bien au delà des six semaines réglementaires. Trasbot voudrait que la viande des animaux mordus pût être utilisée, dans les premiers jours suivant la morsure.

Dans la 2e édition de son *Traité de police sanitaire*, 1892, p. 195-196, Galtier s'exprime ainsi : « La législation sanitaire française permet la vente pour la boucherie, après une séquestration de six semaines, des herbivores mordus par les animaux enragés. Or, après ce laps de temps, la rage peut encore éclore. Il eut été préférable, peut-être, de laisser vendre ces herbivores pour la boucherie dans les huit jours qui suivent la morsure. » Galtier approuve les règlements sanitaires d'Allemagne qui permettent d'abattre les animaux mordus, et de les livrer à la consommation après saisie des parties mordues. Il a toujours préconisé ce procédé, qui ne peut être appliqué légalement en France, mais il ajoutait en 1880 la réserve suivante, dans la 1re édition de son *Traité de police sanitaire*, p. 791-792 : « Je ne suis guère partisan de cette manière de faire, parce que, s'il n'y a aucun danger dans une pareille pratique, il est répugnant de consommer de la chair d'animaux mordus, surtout si la morsure date déjà de quelques heures, et à plus forte raison si elle date de plusieurs jours. »

L'inutilisation alimentaire des animaux mordus est considérée comme excessive : par Villain 1888 (animaux simplement suspects, par Pautet (dans les deux premiers jours), et par Conte 1895 (dans les premiers jours). Laquerrière l'a d'abord déclarée désastreuse et insuffisamment justifiée, les viandes ne présentant pas l'ombre d'un danger ; mais il l'a approuvée plus tard, car elle peut épargner des impressions désagréables, des souffrances physiques et morales aux consommateurs à imagination ardente, notamment aux neurasthéniques.

Les animaux de boucherie, mordus par un chien atteint ou suspect de rage, ne pouvaient autrefois être abattus pour l'alimentation que *quatre mois* après la morsure, dans plusieurs villes d'Italie, notamment à Foggia 1874-1875, Milan 1876, Verceil 1876-1877, Sienne 1879-1888. Le décret italien du 3 août 1890 autorise la consommation de la viande des animaux tués aussitôt après la morsure de bêtes enragées, après élimination et destruction de la partie mordue; mais cette chair ne peut être vendue qu'en basse boucherie, avec étiquette indiquant qu'elle ne doit être consommée que cuite (art. 26). En Lorraine allemande 1884, un animal mordu par un chien enragé peut être consommé, à l'exception de la partie mordue, s'il ne présente aucun symptôme rabique (art. 26).

Ligne de conduite. — Les prescriptions actuelles des lois sanitaires françaises me paraissent devoir être conservées, en ce qui concerne l'inutilisation alimentaire des herbivores atteints ou suspects de rage ; mais il est désirable, comme le demande Laquerrière, qu'une indemnité gouvernementale soit accordée aux propriétaires de ces bêtes. Ceux-ci pourraient, par exemple, être indemnisés quand la rage provient des morsures d'un chien ne leur appartenant pas.

7° *Morve et farcin des équidés*

L'affection farcino-morveuse est une maladie contagieuse, inoculable, due à la pullulation dans l'organisme d'un bacille spécifique pathogène pour les solipèdes, le cobaye, le lapin, le chien. Elle est caractérisée anatomatiquement par la production de tubercules dans les parenchymes et d'ulcérations sur la peau et sur les muqueuses. Elle est transmissible à l'homme.

« La manipulation des cadavres d'animaux morveux constitue l'une des causes les plus efficientes de transmission de la maladie à l'homme ; les vétérinaires, les équarrisseurs, les bouchers sont inoculés, pendant l'ouverture des cadavres, par les plaies récentes, par des coupures ou des piqûres pendant l'opération. La viande des solipèdes morveux offre elle-même quelques dangers ; si le muscle n'est pas virulent, les lymphatiques, les ganglions, la moelle osseuse sont chargés du contage et les manipulations sont à redouter pour un acheteur ignorant du danger. » (Nocard et Leclainche.)

Ligne de conduite. — L'article 42 du Code rural ordonne justement la saisie totale.

8° *Peste bovine*

La peste bovine ou typhus contagieux est une maladie virulente, inoculable, caractérisée par un état typhoïde extrêmement grave et par des accidents spécifiques sur les muqueuses. Elle frappe principalement l'espèce bovine, quelquefois le mouton, la chèvre, etc. Elle épargne le porc, le cheval, les carnassiers et l'homme.

La peste bovine n'étant pas transmissible à l'homme, la viande pourrait être consommée sans danger si les animaux étaient sacrifiés au début de la maladie, c'est-à-dire avant que la fièvre ait eu le temps d'altérer les tissus (Pautet). Le fait a été admis par H. Bouley et Nocard, Zundel, Baillet, Galtier, etc., sous certaines réserves. Galtier ajoute que, pour éviter tout danger de dissémination des germes de l'affection, il convient généralement de s'opposer, comme la loi l'exige, à l'utilisation des chairs provenant d'animaux typhiques sans distinction entre les cas graves et les cas bénins (sauf en cas de guerre dans les villes assiégées.)

Ligne de conduite. — La saisie totale est ordonnée par l'article 42 du Code rural.

9° *Infection typhoïde du cheval*

Cette maladie est due à un cocco-bacille spécifique déterminé par Lignières, qui la considère comme une pasteurellose. Elle est nommée *septicémie hémorragique du cheval* par Nocard et Leclainche. En général, elle s'accompagne promptement d'une fièvre intense et se caractérise par des ulcérations du tissu musculaire (viande fiévreuse), qui rendent les animaux impropres à la consommation. Dans les règlements de Toulouse 1889 et Châlons-sur-Marne 1891, elle entraîne la saisie totale admise d'autre part par Bourrier et A. Moreau.

Ligne de conduite. — Saisie totale dans tous les cas où l'infection typhoïde est bien évidente.

Deuxième Série. — Viandes parasitaires

1° *Trichinose*

La trichinose est caractérisée par la présence de la trichine spirale dans les muscles de l'homme et du porc, qui se sont infectés en mangeant de la viande trichineuse crue ou insuffisamment cuite. Les autres animaux domestiques peuvent aussi la contracter, mais bien moins facilement que le cochon.

Ligne de conduite. — La saisie totale est de rigueur, mais elle est inscrite pour la forme dans nos règlements. En effet, les trichines invisibles à l'œil nu ne sont pas recherchées par l'examen microscopique. Pour en préserver les consommateurs, les pouvoirs publics ne comptent que sur la cuisson alimentaire ordinaire ou sur le hasard.

Troisième Série. — Viandes altérées facilement putrescibles

1° *Viandes surmenées*

Le *surmenage* frappe les animaux faisant de longues marches ou des courses folles, restant en station debout prolongée pendant un grand parcours en mer ou en chemin de fer, recevant des coups ou des mauvais traitements, subissant des luttes ou des poursuites (courses de taureaux), pris de terreur, de colère ou accablés de fatigue, etc.

D'après Armand Gautier, les phénomènes suivants se passent chez les bêtes surmenées : Les matières de désassimilation sont produites en excès, sans être éliminées par le sang ou détruites par oxydation aussi activement qu'elles se forment. Devenues trop abondantes, les substances d'élimination se répandent dans l'économie, arrivent aux centres nerveux et produisent la fièvre. Celle-ci entretient la constipation et il en peut résulter l'absorption — par le sang — des matières toxiques des fermentations intestinales. Les leucomaines surproduites dans l'organisme rendent les viandes surmenées très dangereuses. Celles-ci se putréfient rapidement (surtout si les animaux ont été incomplètement saignés, s'ils n'ont pas été vidés instantanément, ou si les quartiers sont expédiés au loin en chemin de fer); elles peuvent alors produire des intoxications, car elles contiennent des alcaloïdes très actifs, comme la *névrine*, la *pepto-toxine* et les *toxines-ferments* qui ne perdent pas toujours leur activité à 100° c. (Redon a démontré, par des inoculations à des lapins, la toxicité du sérum sanguin d'animaux morts de surmenage.)

Le tissu musculaire des bêtes surmenées est composé de fibres sèches, noires, dépourvues de sérosité ou de jus, ayant la consistance du caoutchouc. Il est brun, noirâtre, gommeux, collant aux doigts ou au couteau, et dégage une odeur aigrelette, éthérée. Au lieu d'être alcaline comme à l'état normal, sa réaction est acide par suite de la présence d'acide lactique. Aussi cette viande rougit le papier bleu de tournesol (Repiquet).

Elle donne un bouillon acide, malodorant et se conservant peu, ainsi que des rôtis durs et coriaces (Villain et Bascou.)

En 1886, dans la 1re édition du *Manuel de l'Inspecteur des viandes*, Villain et Bascou déclarent que « la saisie des viandes surmenées n'est faite qu'autant qu'il y a déjà un commencement de décomposition. » Repiquet a ainsi critiqué cette manière de faire, fort justement d'ailleurs : « Nous estimons que certaines viandes surmenées présentant, à un haut degré, les lésions de l'asphyxie (capillaires gorgés de sang noir, viande poisseuse collant aux doigts et imprégnée de fluides fermentescibles amenant, en un temps très court, la putréfaction), doivent être éliminées de la consommation, parce que si elles ne sont pas en décomposition putride au moment de la vente, elles le seront certainement quelques heures plus tard. On ne doit pas les laisser vendre comme des viandes saines ; si elles ne sont pas toxiques, elles sont au moins indigestes et susceptibles de provoquer des dérangements gastriques. »

Avec la ligne de conduite indiquée par le Manuel précité, la viande pourrait être débitée pourrie peu après sa sortie de l'abattoir. Le cas suivant, observé par Benjamin père, à Nogent-sur-Seine, dans l'été de 1849, démontre nettement le danger de ce procédé : Sur une vache très grasse, venant d'être sacrifiée après un trajet de trois heures, pendant lequel elle avait été fort maltraitée, « la plus grande partie de la viande était noire et le tissu cellulaire sous-cutané gorgé de sang. Au bout de douze heures, la viande était en putréfaction, et on était obligé de jeter à la rivière tout ce qui n'avait pas été vendu aussitôt après l'abatage. »

Ligne de conduite. — La saisie totale s'impose quand le tissu musculaire des animaux tués en cours de fièvre de fatigue est nettement poisseux, noir, aigrelet et prédisposé à la putréfaction.

2° *Viandes fiévreuses*

La fièvre, qui est un des principaux symptômes des affections aiguës, se traduit par une accélération de la circulation et de la respiration coïncidant avec de l'hyperthermie. Elle s'accompagne d'une destruction des fibres musculaires, des cellules et des hématies, d'une accumulation dans le sang de sels de potasse à effets toxiques rapides (Kaufmann). Au bout d'un certain temps, elle transforme respectivement les cellules mortes et vivantes en ptomaïnes et en leucomaines toxiques (A. Gautier.) Les produits de dénutrition s'accumulent abondamment dans les tissus. Les viandes fiévreuses constituent un terrain éminemment favorable au développement des microbes de la putréfaction et des micro-organismes pathogènes.

Des altérations fébriles des muscles consécutives à ces phénomènes caractérisent les viandes *fiévreuses*. Le tissu musculaire laisse transsuder une abondante sérosité après incision. Sur une coupe fraîche, il dégage une odeur de fièvre analogue à l'haleine des fébricitants et, chez le bœuf, il offre une coloration grisâtre ou rouge terne. Bientôt, au contact de l'air, cette teinte devient rouge pâle comme un rosbif cuit à point ou la chair de saumon. Les capillaires et les veines gorgées de sang forment des arborisations du tissu cellulaire; des épanchements séro-sanguinolents occupent les interstices musculaires. En Russie, toutes les bêtes dont l'hyperthermie dépasse 40 degrés centigrades sont saisies, en vertu d'une loi portant l'interdit sur la viande des animaux malades.

Ligne de conduite. — La saisie totale est de règle pour les animaux à viande fiévreuse.

3° *Viandes très saigneuses*

Les viandes *saigneuses, saignantes* ou *mal saignées*, sont caractérisées par la présence du sang dans le tissu veineux interstitiel. Elles sont ainsi nommées d'après Baillet à cause de leur coloration rouge anormale plus ou moins foncée, observée un peu partout (tissu cellulaire sous-cutané, séreuses splanchniques et articulaires, aponévroses, ligaments, tendons, gaines, etc.). Elles proviennent ordinairement d'animaux non saignés, saignés après la mort, saignés tardivement ou incomplètement dans le cours de certaines maladies, à la suite d'accidents graves ou en période de fatigue. Elles se putréfient plus facilement que les autres, en raison du sang dont elles sont plus ou moins abondamment imprégnées.

Baillet s'exprimait ainsi en 1880, à propos du *mal rouge* du porc, alors considéré comme une simple apoplexie sanguine générale dépourvue d'effets nuisibles : « Il importe que la viande soit soumise, peu de temps après que l'animal a été vidé et saigné, aux diverses préparations usitées dans le commerce de la charcuterie ; car on ne saurait méconnaître que sa pénétration par le sang facilite sa décomposition et la rend alors incapable de servir à l'alimentation. »

D'après Baillet, la viande *saigneuse* d'un animal saigné *tardivement* ou saigné *après la mort* peut, « suivant son aspect, encore être quelquefois utilisée, lorsqu'elle est fraîche ; dans tous les cas, elle devient insalubre *en fort peu de temps* par le fait de la décomposition qui ne tarde pas à s'en emparer. Celle-ci s'observe le soir même ou le lendemain de la mort survenue d'une façon accidentelle sans la saignée préalable. » Baillet ajoute que la décomposition des viandes *saigantes* est d'autant plus à craindre, qu'on trouve dans ces viandes, au bout de vingt-quatre heures, un vibrion septique anaérobie (Signol, Pasteur) empêchant la chair d'être livrée impunément à la consommation.

« La viande d'une vache abattue pour n'avoir pu vêler seule ou avec aide, rapporte Baillet, peut être consommée le jour même ou, si la température le permet, le lendemain de l'abatage ; mais elle ne saurait jamais être conservée plus longtemps, car elle se décompose très rapidement, pénétrée qu'elle est outre mesure par l'afflux du sang qui accompagne le travail de dystocie, surtout dans les régions postérieures du corps. »

En 1869, Ch. Pierre, vétérinaire inspecteur de la boucherie de Paris, s'exprimait ainsi sur le cas précédent : « La viande des vaches, abattues immédiatement après un part laborieux ou pendant la paraplégie consécutive au part, est toujours un peu molle et d'une *odeur laiteuse* ; mais après qu'elle a été découpée en morceaux et exposée à l'air, elle se raffermit et perd *presque* complètement son odeur au bout de quelques heures. Cette viande ne saurait être considérée comme dangereuse. »

Ligne de conduite — Il n'y a pas lieu de saisir les viandes faiblement saigneuses, susceptibles de conservation, des animaux inspectés avant l'abatage en cas d'affection peu grave ou d'accident récent. La saisie totale s'impose au contraire pour les viandes foraines suspectes, présentant des caractères de ce genre ; car l'examen incomplet, qui en est fait ne permet pas de déterminer la nature de la maladie peut-être grave des animaux dont elles proviennent. La saisie totale est applicable à tous les animaux à viande *très saigneuse*, susceptible de se corrompre du jour au lendemain ; aucune hésitation n'est possible à ce sujet, car de la chair, non encore corrompue au moment de l'achat, peut être pourrie peu après lorsqu'elle est utilisée pour l'alimentation.

4° *Mort naturelle consécutive à une maladie quelconque*

D'une manière générale, la viande des animaux *crevés* ou morts naturellement inspire presque partout un profond dégoût aux consommateurs. La loi sur le code rural du 21 juin 1898 n'a fait que répondre à ce sentiment unanime, en formulant la prescription suivante : « Art. 27. — La chair des animaux morts d'une maladie, quelle qu'elle soit, ne peut être vendue et livrée à la consommation. »

Les chairs des bêtes crevées *(crevards)* offrent ordinairement les caractères des viandes très saigneuses et, dans ce cas, tout le monde s'accorde pour ainsi dire à les trouver saisissables. Certains animaux crevés, par contre, sont dépourvus de ces signes et ne présentent aucune trace évidente de mort naturelle. Parmi les bêtes qui se trouvent dans ce cas, il faut citer celles dont une courte maladie n'a pu altérer les chairs, qui ont été saignées très peu de temps après leur mort, au bout d'un quart d'heure par exemple et qui ont été convenablement habillées avant l'apparition des altérations cadavériques. Bien des animaux décédés naturellement peuvent être présentés à l'inspection, après avoir été apprêtés dans ces conditions, sans qu'on songe à les croire morts de leur belle mort.

La saisie de tous les animaux morts naturellement ne doit pas être admise comme un principe absolu, a dit Baillet au Congrès vétérinaire de 1889. Il faut tenir compte à ce sujet des causes et des conditions de la mort. On doit refuser toute viande foraine pouvant provenir d'une bête morte naturellement, qu'elle ait été peu ou point saignée avant la mort. Par contre, en cas de mort naturelle par apoplexie sanguine, indigestion simple, coliques d'eau froide, asphyxie par étranglement, non accompagnées de fièvre et incapables de donner des propriétés malsaines à la viande, l'animal *peut être utilisé peu de temps après la mort*, s'il a été bien travaillé et si l'autopsie cadavérique a eu lieu. Chez le porc mort d'asphyxie, le lard et la graisse sont souvent rouge foncé, alors que la chair est très pâle, par suite de la congestion qui s'est particulièrement portée sur les organes internes. Dans tous ces cas, où les animaux paraissent ordinairement consommables après la mort, il faut remettre le prononcé du jugement au lendemain, par les temps chauds et orageux qui pourraient promptement faire décomposer la chair et la rendre immangeable. A ce moment, si la viande est décomposée, elle doit être saisie sans hésitation. A la suite de ces considérations, L. Baillet a formulé la proposition 23 ainsi conçue : « La viande, provenant d'animaux morts naturellement et dont le vétérinaire inspecteur a pu constater la cause de la mort, peut, dans certaines circonstances, être livrée à la consommation en tenant compte surtout des conditions de température extérieure existant au moment de la visite. Font exception à ce principe les viandes provenant d'animaux atteints de maladies contagieuses, et les viandes foraines provenant d'animaux à l'ouverture desquels aucun vétérinaire n'a assisté. »

En 1889, au Congrès vétérinaire, Van Hertsen a exprimé à ce sujet une autre opinion que Baillet. Il ne permet jamais l'utilisation des animaux « morts sans jugulation », à cause du mauvais aspect des tissus, de l'odeur cadavérique et de la putréfaction rapide de la viande. Cependant il a autorisé quelquefois le débit des veaux fins gras, bien blancs, de toute première qualité qui n'ayant pu supporter les fatigues du transport, succombaient au marché. La saignée avait été pratiquée, le cadavre était encore chaud. L'estampillage des viandes n'a lieu dans ce cas, qu'après vingt-quatre heures de séjour à l'échaudoir.

Ligne de conduite. — En cas de mort naturelle à la suite d'une maladie quelconque, la saisie totale est de rigueur quelle que soit l'apparence des animaux.

5° *Mort accidentelle non suivie de saignée et d'éviscération immédiates*

Le Dr A. Moreau caractérise ainsi cet accident : « Les traumatismes qui tuent rapidement l'animal, l'hémorragie, la strangulation, la suffocation rapide peuvent être considérées comme des moyens d'abatage et pourraient, s'ils étaient immédiatement suivis de la préparation de la chair, permettre l'usage de la viande. Mais ordinairement un temps plus ou moins long s'écoule jusqu'à l'intervention du boucher et la chair reste saigneuse ou prend une odeur repoussante par le fait des matières intestinales. Les animaux qui ont succombé à la submersion, à l'enfouissement, à la fulguration, présentent en outre des signes ordinaires de l'asphyxie, des lésions qui se sont étendues aux principaux viscères et au tissu musculaire. Leur chair ne peut être consommée. »

En 1870, Van Hertsen admet la saisie de tous les animaux morts accidentellement sans saignée, excepté à la suite d'hémorragie, notamment dans les cas suivants : « La rupture des gros troncs vasculaires n'est pas rare à la suite de chutes, de commotions violentes, d'opérations chirurgicales malheureuses ou pendant les manœuvres de la parturition, etc. Dans ces cas, le sang s'épanche à l'extérieur ou dans les grandes cavités splanchniques et l'effet produit est le même que par la saignée. »

En 1878, H. Bouley et Nocard recommandent la saisie totale des animaux, en cas de mort à la suite de météorisme ou de mort par asphyxie, quelle qu'en soit la cause (assommement, étouffement, strangulation, immersion, inhalation de gaz toxiques (à l'exception de l'oxide de carbone). « Dans le cas d'asphyxie, le sang ne renferme plus au moment de la mort qu'une faible proportion d'oxigène qui ne tarde pas à disparaître, en laissant à sa place une quantité proportionnelle d'acide carbonique très favorable au développement et à la multiplication du vibrion septique. » (Expériences de Signol).

« En cas d'asphyxie par submersion, dit Baillet, la viande ne saurait être acceptée pour la consommation. » Il admet que la viande des animaux étranglés peut être consommée, quand « ils ont été saignée alors qu'ils étaient *encore chauds* ». S'il s'agit d'asphyxie par compression du thorax ou par strangulation, soit d'apoplexie pulmonaire, il estime que la chair doit être refusée ou acceptée selon qu'elle a été plus ou moins bien saignée, suivant aussi le temps écoulé depuis l'accident et enfin suivant que la température extérieure en favorise plus ou moins la décomposition. Dans ces trois derniers cas, Baillet suit la méthode suivante : « En cas d'incertitude sur le cadavre entier ou les quartiers d'un animal, mort dans ces conditions et présenté le matin à l'inspection, il remet son jugement à sept ou huit heures de là ; car l'expérience lui a appris, « dans les quelques circonstances où il s'était prononcé immédiatement, que le soir même ou le lendemain, surgissaient souvent des plaintes de la part des acheteurs. »

Le Dr Vallin semble admettre qu'on saisisse une bête non saignée, morte accidentellement en pleine santé ; mais il ne comprend pas qu'on livre à la consommation une vache abattue la veille du jour, où elle allait mourir de septico-pyohémie à la suite du part.

A. Moreau préconise avec raison la saisie totale en cas de mort par fulguration, car les expériences de Brown, Sequard (cité par Baillet) prouvent que les animaux tués par la foudre se corrompent plus vite que les autres. Bœllmann estime, au contraire, que la putréfaction rapide n'est pas due à une action spéciale du fluide électrique chez les sujets foudroyés, et qu'elle se produit de la même façon sur des animaux quelconques sacrifiés en temps d'orage. D'après lui, Goubaux a conservé pendant plusieurs jours le cadavre d'un animal foudroyé, sans que sa chair s'altérât plus vite que d'habitude.

Les viandes fulgurées doivent être vendues en basse boucherie et rapidement à cause de leur facile altérabilité, en Saxe (Rt de 1860), et en Italie (art. 22 et 24 du décret du 3 août 1890). D'après Vallada, elles pouvaient être débitées en Piémont en 1784. Le vulgaire refuse ordinairement d'en manger, sous prétexte que la foudre est une manifestation de la colère divine, ajoute-t-il, et contrairement à Franklin qui tuait des animaux par l'électricité pour en rendre la chair plus tendre. La plupart des animaux foudroyés ne peuvent être consommés, rapporte

Vallada, car souvent ils présentent des altérations étendues et se putréfient rapidement, presque instantanément.

D'après Cornevin qui a autorisé, dans la Haute-Marne, la consommation de plusieurs animaux fulgurés, ceux-ci ne présentent généralement aucune altération des tissus et peuvent être débités sans danger pour la santé publique. Leur viande est cependant plus rouge, tire sur le noir, est d'aspect peu agréable, mais dépourvue de l'odeur sulfureuse admise par le vulgaire. Comme elle est fortement imprégnée de sang, elle se conserve difficilement et doit être promptement consommée. Si la foudre communique le feu à l'étable, la chair des animaux fulgurés contracte une amertume insupportable qui la rend immangeable, parce qu'elle est imprégnée d'acide pyroligneux et d'essences pyrogènes dégagés pendant l'incendie.

En août 1879, à Chauffailles (Saône-et-Loire), trois vaches moururent fulgurées à l'étable, sans incendie. Après avoir subi un simulacre de saignée, elles furent préparées pour la boucherie et présentèrent une viande rouge foncé qui se serait gâtée rapidement, si elle n'avait été promptement vendue sur place aux habitants du pays, à prix réduit. Le débit n'en avait d'ailleurs été autorisé par Boisse, vétérinaire, qu'à condition d'avoir lieu dans les vingt-quatre heures. A Chauffailles, on avait auparavant fait enfouir comme impropres à la consommation plusieurs bêtes foudroyées, car on y croyait encore *que le* FEU DU CIEL *empoisonne tout ce qu'il touche et qu'il y aurait péché à manger d'une viande fournie par des animaux tués dans ces conditions.*

Ligne de conduite. — En cas de mort accidentelle non suivie de saignée et d'éviscération immédiates, la saisie totale s'impose comme en cas de mort naturelle.

Discussion sur les viandes fiévreuses, surmenées, saigneuses, etc.

A la Société centrale de Médecine vétérinaire, en 1883 (8 février, 22 mars, 12 avril, 24 mai, 20 juillet, 25 octobre et 8 novembre), des débats ont été soulevés au sujet d'un bœuf furieux fusillé à l'abattoir de la Villette. Cet animal, livré à la consommation après avoir été habillé sans saignée, avait une viande brune, aigrelette, prédisposée à la putréfaction ; s'il avait été expédié de la province à Paris par un temps chaud, il se serait décomposé pendant le trajet et aurait été saisi, au dire de Villain.

H. Bouley approuve la saisie des viandes fiévreuses qui offrent des caractères objectifs repoussants et qui peuvent nuire par leurs ptomaïnes ; il rapporte qu'une vache abattue pour fièvre vitulaire expédiée de Seine-et-Marne à Paris, avec une belle apparence au départ, était *tournée* à l'arrivée. D'après Leblanc, des malaises et des maladies même mortelles ont été causés par l'usage alimentaire de certaines chairs fiévreuses. Sanson trouve qu'on a tort de saisir ces viandes : le danger des ptomaïnes est problématique, car leur existence après cuisson n'est pas prouvée.

D'après Cagny, les animaux abattus à la suite de météorisme ou de fièvre vitulaire se conservent bien durant deux ou trois jours et davantage, lorsqu'ils sont suspendus dans un endroit frais. Ils arrivent toujours corrompus à Paris bien que partis de province sans altérations musculaires. Les viandes foraines sont surtout décomposées par le transport, parce que l'entassement en paniers leur fait subir une élévation de température favorable à la fermentation ; il n'est pas toujours facile de distinguer les altérations résultant de la fièvre et celles dues au voyage.

Verrier (de Rouen) a fait consommer impunément plus de cent vaches abattues avant tout traitement, au début de la fièvre vitulaire : leurs chairs, « empreintes de signes plus ou moins inflammatoires », pas très belles d'aspect sans être altérées, étaient vendues pour ce qu'elles valaient. Il admet que des viandes *saines* se corrompent facilement dans un court voyage (de Rouen au Havre), quand elles sont mises chaudes en paniers. Ménard a observé que les viandes bien préparées prennent rapidement une vilaine apparence, quand elles se refroidissent dans de mauvaises conditions, notamment lorsqu'elles sont placées les unes sur les autres au lieu d'être suspendues.

Tous ceux qui ont autopsié des taureaux tués aux courses, notamment Mortillo, Bosch, Villain, Bissauge, reconnaissent que la viande est plus ou moins *surmenée*, brune, aigrelette, facilement putrescible, avec des lésions traumatiques plus prononcée dans les devants que dans les derrières. Pleindoux a observé les caractères des viandes *fiévreuses*, sur les taureaux de courses incomplètement saignés et vidés tardivement à Marseille. Comme Bissauge et Briotet, il réclame l'éventration immédiate aux arènes pour empêcher une plus grande détérioration des chairs. Briotet trouve presque toujours les devants très ecchymosés et saisissables.

Bosch et Morcillo estiment que cette viande ne peut être vendue qu'en basse boucherie avec indication de sa nature et très rapidement, le lendemain même des courses ; les parties restées invendues le soir doivent être dénaturées (Bosch). Villain saisit les taureaux les plus surmenés ; il accorde la libre pratique à ceux moins atteints, qui sont vendus à vil prix pour les restaurants populaires ou les petits marchés de Paris. En 1898, Pleindoux demande la saisie de tous les taureaux de courses présentant au moindre degré les lésions du surmenage. Selon Bissauge (1899), « on ne devrait autoriser la vente de la viande de ces animaux que sur place et au détail, de façon que le consommateur soit bien prévenu de la nature de la viande qu'il achète, que la surveillance du vétérinaire puisse s'exercer jusqu'au dernier moment et la saisie être effectuée dès les premiers signes de putréfaction (1). » Les viandes de taureaux combattus sont vendues comme les autres en France, par exemple à Paris, Nîmes, Dax. En Espagne au contraire, elles sont débitées dans des endroits spéciaux, avec une affiche en indiquant exactement la sorte, notamment à Bilbao, Jaen, Malaga, Xérès, Jativa, Palma de Majorque ; elles sont très recherchées dans ces deux dernières villes, d'après Morcillo et Bosch. Prieto, de Madrid, n'en admet pas l'utilisation alimentaire.

D'après Morcillo, certaines personnes préfèrent la viande des taureaux combattus à celle des animaux abattus normalement, et il est des pays où les bêtes de boucherie sont soumises à des

(1) Van Hertsen estime en 1870 que les viandes surmenées doivent être soumises à une surveillance attentive, pendant dix-huit ou vingt-quatre heures avant d'être mises en vente.

exercices tauromachiques avant l'abatage, pour mériter cette préférence. En 1658, en Italie, V. Tanaro recommande de faire courir les bestiaux avant l'abatage pour en rendre la chair plus tendre, plus agréable et plus savoureuse. Les bouchers avaient l'habitude de faire courir les bêtes avant de les tuer à Venise au XVIIe siècle (Vallada), en Angleterre au XVIIIe siècle (Buchan), et ailleurs (Friedreich). En 1657, cette pratique fut interdite à Venise comme rendant les viandes malsaines ; elle fut aussi critiquée par Buchan et par Friedreich pour le même motif. Au Congo, les nègres torturent les hommes, les chiens et les autres animaux comestibles avant de les égorger, *parce que la douleur rend la viande plus tendre* (Meuleman). Au dire de Bruhier, les coqs d'Inde *plumés vivants*, puis saignés, vidés et rôtis aussitôt après, sont *d'une tendresse infinie*.

Malgré le goût témoigné par certains consommateurs pour les chairs *fatiguées*, il y a lieu de réclamer la saisie totale des animaux manifestement surmenés. Dans tous les cas, il ne faut point l'oublier, les viandes devenues fiévreuses, surmenées ou très saigneuses à la suite d'une maladie, d'un traumatisme, d'un accident soit de toute autre cause, celles des animaux morts naturellement d'une affection quelconque, et des bêtes mortes accidentellement sans saignée, constituent un terrain de prédilection pour les microbes saprogènes et pathogènes ; elles sont donc susceptibles de provoquer des intoxications alimentaires plus ou moins dangereuses.

Quatrième série. — Viandes altérées répugnantes

1° *Viandes empoisonnées* (1). *(Intoxication générale)*

Van Hertsen, H. Bouley et Nocard, Pautet, Galtier préconisent la saisie en cas d'empoisonnement ou même de médication toxique avant la mort. Zundel ne semble l'admettre qu'en cas d'intoxication. Tous ces auteurs en sont partisans, de même que Baillet, A. Moreau, Laho, quand les médicaments ont

(1) H. Bouley et Nocard admettent la consommation quand le poison n'a qu'une action locale, comme cela se produit avec les caustiques.

communiqué une odeur et un goût désagréables à la viande. A. Moreau recommande la saisie « des animaux empoisonnés dont la chair, qui recèle souvent le toxique, présente des lésions déterminées par la réaction organique » ; il dit qu'avec les poisons minéraux, « le danger s'aggrave de la production possible de combinaisons mixtes (amines), dont le coefficient de toxicité est considérable. » Lignières ne demande le refus des animaux empoisonnés que lorsque les viandes se montrent malades, mais il veut constamment la saisie des viscères. Guzzoni a préconisé en 1881 la saisie des animaux morts empoisonnés par des toxiques à action générale, et des animaux longtemps traités par des médicaments héroïques. Il borne la saisie aux intestins, au foie et à la rate en cas de poisons à action locale.

Laho admet la saisie des cadavres d'animaux *morts* empoisonnés par des substances d'origine minérale ou végétale, mais il formule les restrictions suivantes au sujet des intoxications : « En cas d'accident d'*empoisonnement aigu*, survenant sur des animaux bien en chair, une jugulation suffisante étant faite en temps opportun, la viande, mais la viande seulement à l'exclusion des viscères et organes parenchymateux, pourrait impunément être consommée dans les conditions ordinaires. Pour se faire une idée de l'innocuité de pareille viande, il suffit de mettre en regard la dose toxique d'un agent vénéneux et la masse de viande représentée par les quatre quartiers. En supposant, ce qui n'est jamais le cas, que cette dose fût entièrement répartie dans le système musculaire, chaque kilogramme de chair ne contiendrait qu'une proportion insignifiante de la matière nuisible, et, en tous cas, infiniment inférieure à la dose prescrite, en l'occurrence, comme moyen thérapeutique ; mais, il est bien établi depuis longtemps — et les récentes recherches du Dr Verhoogen sur la diffusion dans l'organisme de certaines substances toxiques médicamenteuses, injectées dans le sang circulant, sont venues, une fois de plus, confirmer le fait — que ces substances se fixent et sont retenues de préférence par les viscères et les organes parenchymateux, en tête desquels il faut placer le foie, puis les reins, la rate, les mamelles. Du reste, dans d'assez nombreuses circonstances déjà, la viande d'animaux empoisonnés et sacrifiés *in extremis* a été consommée avant même que la nature de l'accident fût connue. Nous avons été dans le cas de faire une observation semblable dans un empoisonnement saturnin aigu. Nous avons aussi pu nourrir impunément, pendant plus d'une semaine, des chiens avec de la viande provenant d'un taureau empoisonné par des préparations plombiques. Au reste, ces considérations sont en parfaite concordance avec les résultats auxquels sont arrivés MM. Fröhner et Knudsen, de Berlin, dans leurs *Recherches sur la consommation de la viande des animaux empoisonnés*, où les expériences ont porté sur des alcaloïdes toxiques, à action rapide et souvent usités en médecine vétérinaire : la strychnine, l'ésérine, la vératrine et la pilocarpine. La conclusion de ces auteurs a été que la viande des animaux empoisonnés par ces substances est inoffensive pour le consommateur, animal ou homme ; qu'à plus forte raison les doses thérapeutiques de ces alcaloïdes ne peuvent être dangereuses ».

La nocuité de la viande des animaux empoisonnés par la strychnine a été discutée en 1895 à la Société de Médecine vétérinaire pratique. Suspectée par Kaufmann, elle est admise par Teyssandier, Heu et Bonnard ; elle est niée par Lucet qui s'appuie sur ses propres observations comme sur celles de Feser, Harms, Fröhner et Knudsen (1). H. Rossignol dit qu'il faut se tenir sur la plus grande réserve à l'égard de ces animaux ; en général, il n'est pas partisan de la consommation des viandes empoisonnées. Baillet préconise la saisie des animaux empoisonnés, notamment par le phosphore, les mercuriaux, l'arsenic ; il fait des réserves à l'égard des bêtes traitées par des médicaments toxiques.

Brusaferro cite les faits suivants : Les sels métalliques se trouvent en quantité minime dans les muscles des animaux empoisonnés, notamment par le mercure (Ludwig), le plomb (Ellenberger). Une vache injectée avec 2 grammes de morphine, deux heures avant l'abatage, a été consommée impunément (Warnecke). Sept personnes ont été empoisonnées après avoir

(1) D'après Leblanc, cité par Baillet, il serait imprudent d'utiliser les viscères des animaux empoisonnés par la noix vomique.

mangé le pis d'une vache traitée par le *veratrum album*, d'après Smidt-Crossen (1). Brusaferro admet, avec Ostertag, que la médication par des substances vénéneuses ne donne jamais de propriétés nuisibles à la viande.

Ligne de conduite. — Tous les animaux, sous le coup d'un empoisonnement général manifeste, doivent être exclus de la consommation. Il n'en est pas de même en cas d'intoxication locale par les caustiques. Il y a lieu d'accepter pour l'alimentation les bêtes médicamentées avec des substances vénéneuses à doses minimes, à l'exclusion de la tête, de l'œsophage, de la trachée, des viscères et des mamelles, si les chairs ne sont ni altérées, ni suspectes, si elles sont dépourvues d'odeur et de goût désagréables.

2° *Viandes à odeur anormale désagréable*

Les chairs des animaux sont susceptibles d'être imprégnées de différentes odeurs, pour divers motifs autres que ceux précédemment mentionnés ou qui le seront postérieurement (viandes des animaux en chaleur, viandes fiévreuses, surmenées, uréniques, ictériques, putréfiées, etc.) Ces caractères peuvent avoir une origine médicamenteuse, alimentaire ou pathologique, etc. Lignières demande avec raison la saisie totale des viandes présentant une odeur désagréable quelconque.

a). *Odeur due à des médicaments*

Les chairs répandent une odeur plus ou moins prononcée quand les animaux ont absorbé, accidentellement ou dans un but thérapeutique, certains médicaments plus ou moins odorants, tels que l'acide phénique, l'alcool, l'ammoniaque liquide, l'assa-fœtida, le camphre, le chloroforme, l'essence de térébenthine, l'éther, le soufre, etc. D'après P. Canal, « toute viande sentant le remède, ou trouvée empoisonnée après analyse chimique, doit être saisie parce qu'elle est malade, désagréable au

(1) Le lait a été trouvé vénéneux par Van Hertsen chez une vache empoisonnée par l'acide arsénieux. La mamelle pouvait donc être considérée comme toxique dans ce cas.

goût et à l'odorat, et surtout parce qu'elle peut tuer les consommateurs. »

L'odeur de l'alcool n'est pas délétère et disparaît rapidement du vivant de l'animal par les exhalations pulmonaires (Baillet). A la suite d'ingestions expérimentales répétées de grandes quantités d'alcool, des porcs ont présenté des infiltrations gélatiniformes générales, qui ont motivé la saisie ; leur viande sentait l'acétone (Villain et Bascou).

Quand des animaux sont imprégnés d'acide phénique, après avoir bu de l'eau phéniquée préparée en vue d'une désinfection (Villain et Bascou), ou après avoir été enfermés dans un local désinfecté par cette solution (Baransky), ils doivent être saisis. Villain et Bascou ont observé des viandes qui répandaient une odeur de gaz d'éclairage, de goudron, d'huile empyreumatique, sans pouvoir en connaître la cause, et les ont retirées de la consommation.

L'emploi thérapeutique de l'ammoniaque liquide donne une odeur répugnante, propre à entraîner la saisie de la viande ; celui de l'éther communique une odeur forte et désagréable, qui motive également la saisie ; il en est de même de l'essence de térébenthine qui rend la chair répugnante et inutilisable, de l'assa fœtida qui fait prendre une odeur fétide à tous les tissus et liquides de l'économie (Baillet).

D'après Dupuy (cité par Baillet), le camphre imprègne fortement les solides et les liquides de l'économie ; l'odeur en est si tenace qu'elle persiste dans le foie et la chair après la cuisson.

D'après Waldinger (cité par Baillet), « le soufre donne à la chair des ruminants une odeur d'acide sulfhydrique tellement prononcée, qu'elle devient impropre à la consommation ; il en est de même du sulfure de potasse. »

D'après William Resert, l'haleine des personnes traitées par le sous-nitrate de bismuth impur offre une odeur alliacée, due à la présence du tellure dans ce médicament et non à l'arsenic. Ce fait, rapporté par Villain et Bascou, ne manque pas d'importance, car la chair présente assez souvent le même caractère olfactoire sans qu'on puisse en déterminer l'origine. Ainsi on a saisi plusieurs fois aux Halles centrales des viandes, qu'on rapportait après cuisson et qui étaient immangeables parce qu'elles sentaient l'ail. P. Canal attribue cette odeur à l'assa fœtida et non aux herbages qui renferment de l'ail sauvage, parce que cette plante est en trop petite quantité dans les pâturages et que les viandes alliacées sont toujours fiévreuses.

b). *Odeur due à des aliments*

La camomille et l'absinthe communiquent à la viande un goût particulier, plus amer, plus désagréable que nuisible (Baillet). Les crucifères lui donneraient une odeur de moutarde, d'après Bissauge; la viande d'un veau saisi aux Halles de Paris sentait manifestement la moutarde (Villain et Bascou). D'aucuns admettent l'existence d'un goût éthéré manifeste dans la viande des vaches qui mangent des oranges; on sait d'ailleurs que ces fruits en décomposition sentent l'éther (Villain et Bascou). Un goût désagréable est communiqué à la viande des animaux par les pâturages marécageux et surtout par certaines plantes, telles que les asphodélidées et les liliacées (Pascault).

L'odeur alliacée peut certainement se manifester sur quelques viandes fiévreuses, ainsi que je l'ai parfois constaté dans certaines maladies, comme E. Thierry — je crois — en a observé des exemples. Mais contrairement à la généralisation établie par P. Canal, toutes les viandes alliacées ne sont pas fiévreuses et ne proviennent point constamment d'animaux ayant ingéré de l'assa fœtida. L'odeur de l'ail existe souvent sur des viandes saines, où elle a été provoquée par l'ingestion de différentes espèces de cette plante (Cornevin, Benjamin père, Soumille, Boulay, Morot, Pascault). D'après Soumille, la viande fraîchement tuée des bœufs, qui mangent une espèce d'oignon sauvage mêlé aux fourrages ou aux herbages, exhale une odeur assez analogue à celle de l'oignon pourri. Les bouchers d'Avignon appellent cet état de la chair *cœpouiade* ou *cœbouiade* (de cœpa, oignon). Ils se hâtent de débiter cette viande et, pour cela, ils se la partagent entre eux, car ils savent qu'elle se corrompt promptement. L'odeur indiquée par Soumille n'est pas la même que celle constatée par Morot sur la viande alliacée de bœuf, et dans la chair de lapins soumis expérimentalement à l'ingestion répétée de tiges d'ail sauvage ou de fragments de gousses d'ail cultivé. Il serait intéressant de savoir si la *cœpouiade* ne serait pas occasionnée par des oignons décomposés. Dans ce cas, la saisie s'imposerait, tandis que l'odeur de l'ail ordinaire n'entraînerait le rejet de la viande que si son intensité la rendait intolérable.

On sait depuis longtemps que le fenugrec, consommé vert, communique à la viande des animaux une odeur et une saveur très prononcées, très désagréables, rappelant le goût détestable du fumier de porcherie. Les expériences de Malet (1890) démontrent que ces caractères existent à la suite d'un seul repas, et qu'ils disparaissent complètement quatre jours après, qu'ils cessent au maximum quinze jours après la suppression du régime de l'engraissement permanent par le fenugrec. En 1879, au Congrès vétérinaire de Milan, Ciucci et Guzzoni demandent que la viande des animaux nourris de fenugrec soit saisie ou vendue en basse boucherie, selon l'intensité de son odeur. En 1888, Peuch a vu deux fois à Toulouse des veaux de 5 à 6 mois dont la chair avait une odeur si repoussante de fenugrec, qu'elle n'a pu être vendue qu'à la criée et à très bas prix. Le débit des viandes à odeur de fenugrec est interdit à Santander 1851-1861, à Modène 1879-1880, etc. ; il n'est toléré qu'en basse boucherie par le décret italien du 3 août 1890.

Les tourteaux (lin, colza, œillette, arachide, coton, sésame, noix) ont l'inconvénient de nuire au bon goût de la viande lorsqu'ils sont donnés isolément et sans mesure. On accuse ceux de lin de communiquer à la chair un goût prononcé de suif, et ceux de colza de lui donner un goût de rancité (Pascault). Les porcs élevés avec des soupes, des résidus de toutes sortes, des débris de clos d'équarrissage, des poissons avariés, des marcs d'huile d'olive, donnent une chair pâle, lavée et comme cachectique, dont le goût et l'odeur sont peu agréables ; d'après Lémery, la chair et le lait sentent tout à fait le poisson, dont sont nourris, faute d'herbage, les bœufs et les vaches des bords de la mer glaciale (Villain et Bascou). Les tourteaux frais de lin, de colza et de noix donnent une viande molle, onctueuse qui rancit vite ; lorsque ces tourteaux *(nougats)* sont devenus rances par suite d'une longue conservation, (surtout celui de noix qui subit trois pressions tandis que les deux autres n'en subissent que deux), ils donnent à la viande une saveur rance, nauséabonde et repoussante (Raynaud). Morcillo a constaté également le goût répugnant des porcs nourris de tourteaux oléagineux, et l'odeur nauséabonde des porcs engraissés avec des résidus d'amidonnerie.

Selon Morcillo, la chair fraîche ou salée et la graisse des porcs nourris en Espagne avec des résidus de laiterie, de fromagerie, présentent après cuisson une odeur et une saveur répugnantes et insupportables de suif rance ou de lait aigre (1). Cette viande se corrompt facilement; son ingestion provoque parfois des malaises digestifs (nausées, vomissements, coliques, diarrhées). En France, pas plus à Paris qu'à Roquefort ou à Troyes, cette altération de la chair des porcs de laiterie ou de fromagerie n'a jamais été signalée (Villain, Pépin, Morot). En Espagne, elle est probablement due à la décomposition des déchets de laiterie sous l'influence de la chaleur. D'après Morcillo, le lait de chèvre et surtout celui de brebis en sont les facteurs essentiels; d'ailleurs à Jativa, on constate une odeur et une saveur lactées dégoûtantes dans la viande des brebis qui allaitent; on les trouve un peu moins prononcées dans la chair des agneaux qui tètent.

Il est interdit d'abattre des porcs nourris d'huile, de chènevis, de poisson ou rances au Havre 1856; de livrer à la consommation des porcs engraissés avec des tourteaux d'amandes, de la viande ou du poisson à Palma de Majorque 1877. Le décret italien du 3 août 1890 n'autorise qu'en basse boucherie le débit des animaux nourris de tourteaux de colza rances. Déjà au moyen âge, et aussi un peu plus tard, il était défendu dans certaines localités, en France, de livrer à la consommation des bêtes nourries avec des aliments susceptibles d'en altérer la viande, notamment avec le sang de l'homme et des animaux, des chairs de bétail crevé, des tourteaux et des résidus d'huilerie, des graines oléagineuses et des poissons.

(1) D'après Baillet, l'emploi thérapeutique prolongé du vinaigre étendu d'eau donne une odeur aigre à la viande, et l'abus du petit lait ordinaire rend la chair molle.

c). *Odeur due à des secrétions*

Sur des vaches, arrivées régulièrement à la période ultime de la gestation et dont la viande à teinte normale paraissait saine, j'ai constaté quelquefois que les muscles et les viscères répandaient, immédiatement ou plus ou moins longtemps après l'abatage, une odeur fade et peu agréable rappelant celle du lait sortant du pis, celle des enveloppes fœtales ou de la chair des veaux mort-nés. Cette odeur lactée diminue la qualité de la viande, mais pas suffisamment pour motiver la saisie. Villain et Bascou ne l'ont constatée qu'à de rares intervalles. Ils ont, par contre, remarqué de temps à autre une légère odeur lactée ou mieux une odeur aigre persistant après cuisson dans la chair des vaches laitières, restées longtemps sans être traites et ayant, par suite, le pis rempli de lait. D'une façon générale, les trayons sont incisés aussitôt après l'abatage des vaches et les mamelles enlevées dès le début de l'habillage, de crainte de l'odorisation de la viande par l'imbibition lactée, surtout des derrières (Villain et Bascou).

P. Canal s'exprime ainsi au sujet des chairs présentant une odeur sexuelle exagérée : « *La viande spermatique* se rencontre dans les parties qui entourent le bassin des vieux chevaux entiers, de certains taureaux, béliers, verrats et de toutes les parties du corps du bouc. Caractérisée par l'odeur *sui generis* du sperme de ces animaux, elle peut être observée au printemps chez le cheval âgé et non châtré et, à peu près en tout temps, chez les autres étalons. La viande *trop spermatique* doit être retirée de la consommation, comme insupportable au goût et à l'odorat. Il faut donc saisir le bouc en entier et éplucher la viande *trop spermatique* de cheval, de taureau, de bélier et de verrat. »

Les porcs cryptorchides ou monorchides, nommés *riles* (Baillet) ou *roncins* (Borgeaud), ont la viande imprégnée partout d'une odeur forte, infecte, repoussante, nauséabonde, comparée par Baillet à celle de l'urine et par Hartenstein à celle de la sécrétion sudorale des pieds. Cette odeur se constate même dans la porcherie où ces animaux sont renfermés (Gourdon). Elle s'exhale avec une telle force, au moment de l'ouverture du ventre, qu'elle suffoque pour ainsi dire l'ouvrier qui enlève les viscères abdominaux (F. Paruit). Elle est plus accentuée après la cuisson qu'avant. Baillet estime qu'elle rend la viande immangeable ou en diminue sensiblement la qualité ; Borgeaud admet que cette viande doit être vendue en basse boucherie.

d). *Odeur d'origine pathologique*

Sur certaines viandes généralement fiévreuses expédiées aux Halles centrales de Paris, provenant de bœufs, veaux ou porcs abattus malades, atteints la plupart de charbon symptomatique et quelques-uns de septicémie gangréneuse, les vétérinaires inspecteurs parisiens ont constaté les premiers une odeur pénétrante de beurre rance. Moulé a trouvé dans le sang, la sérosité du tissu conjonctif et les produits de raclage du tissu musculaire, un bacille ou bâtonnet spécial qu'il a appelé avec Nocard bacille des viandes à odeur de beurre rance.

En 1898, chez un veau dont l'intestin grêle était bourré d'ascarides, j'ai constaté dans la viande et les viscères, avant comme après cuisson, une odeur désagréable, éthérée, aigrelette, qui était celle des vers eux-mêmes et qui, rendant l'animal immangeable, motiva la saisie totate, Laubion et Foncelle ont observé plusieurs cas semblables à Foix et à Bourges, mais ils n'ont pas saisi les veaux, bien qu'ils aient reconnu la dépréciation évidente de la viande imprégnée de l'odeur vermineuse. Ainsi l'odeur éthérée de la chair peut être due à une autre cause que l'ingestion d'éther. Il est à remarquer que les médecins de l'homme signalent l'odeur du chloroforme dans l'haleine de certains fébricitants, n'ayant pas fait usage de ce médicament.

e). *Odeur due à l'enlèvement tardif des viscères abdominaux*

En été, quand plusieurs porcs bien portants sont saignés ensemble par un seul garçon, mettant trop de temps pour les éventrer les uns après les autres, il n'est pas rare de voir une teinte verdâtre (avec mauvaise odeur) sur la face interne de la panne des sujets préparés les derniers (1). A Troyes, j'ai saisi

(1) Cette altération locale motive une saisie partielle.

maintes fois des moutons *météorisés* égorgés dans les pâturages, des veaux et des porcs saignés en pleine route à la suite d'indigestions contractées subitement en cours de transport, devenus complètement impropres à la consommation par ce fait *seul*, qu'ils avaient été vidés plus ou moins longtemps après la saignée au lieu d'être éventrés immédiatement après la jugulation. A. Moreau a ainsi insisté sur ces pertes dues à la négligence des intéressés : « L'enlèvement tardif de la masse gastro-intestinale est une cause fréquente de saisie... qui pourrait être souvent évitée si elle était mieux connue (Bascou). Un animal est saigné à la ferme ou aux champs pour une cause quelconque ; mais on ne songe pas à le vider immédiatement. Les gaz intestinaux traversent les parois viscérales ; le péritoine s'imbibe, s'épaissit (il restera terne et grisâtre) ; les gaz arrivent bientôt dans les muscles et leur communique une odeur infecte (odeur de fumier, d'excréments) qui rend la viande immangeable. La putréfaction est de plus très rapide. »

Ligne de conduite pour les viandes à odeurs anormales. — La saisie totale est de règle pour les animaux dont la viande est manifestement imprégnée d'une odeur désagréable d'origine médicamenteuse, alimentaire, pathologique ou autre, notamment d'acide phénique, de goudron, d'huile empyreumatique, de gaz d'éclairage, d'ammoniaque, d'assa fœtida, de camphre, de chloroforme, d'acide sulfhydrique, d'oignon pourri, de rancité (viande oléagineuse, etc), de lait très aigre (viande *asuéradée)*, de sperme)viande trop *spermatique*), d'urine ou de secrétion sudorale des pieds (porc cryptorchide ou monorchide), d'ascarides (viande à odeur vermineuse), de beurre rance, de fumier ou d'excréments (viande à odeur excrémentitielle), etc., etc.

3° *Viandes urémiques* (*Urémie*)

L'urémie est un état pathologique encore mal connu, aussi appelé intoxication urinaire ou empoisonnement urémique, dû aux matières toxiques de l'urine et plus particulièrement aux ptomaïnes dérivant des déchets de la désassimilation et des produits des fermentations intestinales (1). Elle est provoquée

(1) Urémie n'est pas synonyme d'empoisonnement par l'urée, car le sang des urémiques ne contient guère que 1/10 de la quantité toxique d'urée (Labat).

par toutes les affections occasionnant l'embarras, l'insuffisance ou la suppression de l'excrétion urinaire. Elle donne à la viande une teinte pâle, blafarde, ainsi qu'une odeur urineuse ou ammoniacale perceptible à une incision légère des fibres musculaires, accusée surtout au voisinage de la cavité pelvienne. La chair prend également ces caractères quand, à la suite de la rupture de la vessie, l'urine se répand dans l'abdomen et donne par imbibition une odeur urineuse au tissu musculaire ainsi qu'aux organes parenchymateux. Ce phénomène est surtout marqué au bout de 24 heures, alors que la fièvre s'est développée ; mais si la rupture a lieu au moment de l'assommement, il suffit de nettoyer la cavité abdominale pour rendre la viande mangeable (Villain et Bascou). Zundel, H. Bouley et Nocard, Baillet, Villain et Bascou recommandent la saisie totale en cas d'urémie évidente, tradnite par l'odeur urineuse de la viande. Selon Canal, il suffit « d'éplucher la viande dans les régions du bassin et de l'abdomen, si elle n'est ni fiévreuse, ni saigneuse et de la saisir totalement ou en grande partie toutes les fois qu'elle provient d'un animal fiévreux et *surtout* saigné trop tard. »

Ligne de conduite. — La saisie totale s'impose en cas d'urémie évidente, quand l'odeur urineuse de la chair est générale.

4° *Viandes ictériques (Ictère)*

L'ictère (cholémie, jaunisse) est idiopathique ou symptomatique. Il se manifeste, quand la bile déjà formée pénètre dans le sang par les lymphatiques en cas d'obstacle à sa circulation ; il s'observe aussi en cas de surproduction du liquide biliaire (*hypercholémie*), laquelle a lieu dans les processus morbides caractérisés par la grande destruction des globules rouges du sang, c'est-à-dire des éléments producteurs de la bile (Brusaferro). D'après Baillet, l'ictère qui se traduit par la teinte jaunâtre de tous les tissus blancs, des muqueuses extérieures ou intérieures et de l'urine, par la coloration rouillée des muscles, par l'état sirupeux et la coloration brun jaunâtre du sang, rend la viande répugnante et impropre à la consommation. Selon

Villain et Bascou, quand tous les tissus envahis par l'ictère sont devenus jaune verdâtre (séreuses splanchniques, aponévroses, muscles, substance spongieuse des os), la viande est désagréable au goût et doit être refusée. A Paris, on livre à la consommation des veaux et des moutons ictériques, d'une coloration jaune très intense, dépourvus de mauvais goût après cuisson, mais notablement dépréciés du commerce et du public (Villain et Bascou). Suivant Zundel, la viande ne peut-être consommée quand elle a pris la coloration ictérique. Hertwig n'admettait la saisie totale qu'en cas d'*ictère intense ;* ainsi en 1892-1893, à l'abattoir de Berlin, il a refusé 2 bœufs, 9 veaux, 14 moutons et 58 porcs fortement atteints de cette affection, mais il a laissé consommer 11 bœufs ou vaches, 15 veaux, 13 moutons et 24 porcs faiblement malades (1). A Troyes j'ai eu l'occasion de saisir une vache très ictérique dont la viande offrait une odeur et une saveur désagréables.

Ligne de conduite. — La saisie totale est de rigueur en cas d'ictère très accentué, quand les tissus autres que la graisse ont une teinte jaune intense.

Cinquième série. — Viandes insuffisamment alibiles

1° *Viandes fœtales*

La chair des fœtus presque ou entièrement à terme est avidement recherchée d'un certain nombre de personnes, notamment en Tunisie par les Juifs après la jugulation rituelle (Fray 1893), en Sardaigne et en Sicile (Ortolani et Bizzi 1879), en Espagne (Morcillo 1880), en Belgique (J. Hugues 1884), etc. D'après Léméry et Bruhier, on trouve des gens qui mangent avec délices le faon extrait de l'utérus de la biche et le levreau sortant du ventre de la hase. En Suède, Norvège et Danemark, dans certaines parties de la Hollande et de la Belgique, dans le

(1) Il ne faut pas confondre la teinte ictérique de la viande avec la coloration jaunâtre de la graisse attribuée à l'usage de certains aliments, des carottes, du maïs (Hertwig), des tourteaux, ou à l'âge avancé des vaches (Villain et Bascou). D'après Pascault, l'usage immodéré et précipité des tourteaux, en fatiguant le foie et en encombrant les voies billiaires, donne une coloration jaune vert et un goût désagréable à la chair qu'il rend souvent insalubre.

nord-ouest de l'Allemagne, les abattoirs surveillés livrent couramment à la consommation des veaux âgés de quelques heures seulement ou de un ou deux jours au plus, appelés veaux à jeun parce qu'ils n'ont pas encore bu de lait.

En France, la viande des fœtus même à terme est considérée comme laxative, indigeste, insipide, très peu nutritive et promptement putrescible. On estime que sa facilité de putréfaction favorise le développement des toxines produisant les empoisonnements alimentaires. Comme elle est pauvre en albumine et riche en gélatine, on la nomme viande *gélatineuse* ou *par trop gélatineuse*. Tous ces motifs la font exclure de la consommation par les règlements français et étrangers contemporains. Elle était déjà prohibée par des prescriptions bien antérieures à notre époque. Ainsi au moyen âge, à Montpellier, à Carcassonne, il était interdit de vendre pour la consommation des *viandes non nées* ou fœtales.

Brotzu (de Cagliari) a fait ingérer à 3 hommes et à 2 chiens de la chair fœtale, soumise à une légère cuisson pour lui faire perdre une faible quantité d'eau et lui donner une consistance suffisante. Un homme a présenté un peu de diarrhée passagère le douzième jour, tandis que les deux autres n'ont offert aucun trouble digestif pendant les huit à neuf jours d'observation, si bien qu'ils voulaient encore prolonger les expériences. Dans chaque série d'expériences, la ration a été l'objet de deux analyses destinées à établir l'introduction d'albumine, de graisse et d'hydrates de carbone, et consécutivement de trois analyses pour la détermination de l'évacuation de l'azote par l'urine et de l'évacuation de l'azote, de la graisse, des hydrates de carbone et des cendres par les excréments. Brotzu a ainsi déterminé la valeur nutritive des chairs fœtales en établissant le bilan de la nutrition, et il a obtenu le résultat suivant :

Brotzu. Analyses de viandes de fœtus de différents âges. — Pourcentage.

Age du fœtus	Eau	Substances azotées	Graisse	Substances extractives et cendres.
2 mois.	92,25	2,18	3,25	2,32
4 —	90, »	3,50	3,29	2,25
6 —	89,25	5,31	3,28	2,15
8 —	87, »	9,06	3,80	2,10
9 —	83,88	10,06	4,08	1,98

Analyses de Kœnig (citées par Brotzu). — Pourcentage.

Sortes de viandes.	Eau.	Substances albuminoïdes.	Graisse.	Substances non azotées.
Veau gras (9 analyses).	72,31	18,88	7,41	1,30
Veau maigre (4 analyses).	78,82	19,8	» »	» »

Pour huit séries d'expériences sur l'alimentation par la chair fœtale, Brotzu donne le résultat des analyses chimiques de la ration alimentaire à l'entrée et à la sortie. D'après ses recherches sur la composition de la viande de fœtus d'âges divers, sur les rations de pain et de chair fœtale, sur les rations de pain et de viande de bœuf étudiées comparativement, ainsi que sur le bilan de nutrition représenté par un gain d'azote chez ses sujets d'expérience, on peut déclarer : 1° que la viande de fœtus n'est pas complètement privée de valeur nutritive ainsi qu'on l'a toujours affirmé ; 2° que son exclusion de l'alimentation ordonnée par les divers règlements sanitaires n'est pas entièrement justifiée, ou ne l'est que pour les classes riches qui peuvent à volonté se procurer un aliment d'une grande valeur nutritive. Il conclut ainsi : comme les classes pauvres, qui ont une alimentation exclusivement végétale, éprouvent des troubles digestifs dus à l'insuffisance de l'albumine ainsi qu'à l'insuffisance de l'assimilation, et que l'usage rationnel de la chair fœtale ne causerait aucun de ces troubles, les lois pourraient très opportunément permettre aux dites classes populaires d'introduire, dans leur ration, un peu de cette albumine animale provenant de la viande de fœtus qu'on détruit actuellement tous les jours.

Ligne de conduite. — Malgré l'appétence de certaines personnes pour la chair fœtale et l'opinion exprimée en faveur de ce goût par Brotzu, je persiste à regarder cette viande comme immangeable. Conséquemment, conformément à l'avis que j'ai déjà exprimée au Congrès de 1897, il y a lieu de saisir les sujets trouvés dans l'utérus des femelles sacrifiées ou mortes à une période quelconque de la gestation, ainsi que ceux nés avant terme ou avortons.

2° *Viandes trop jeunes*

On admet assez généralement, en France et dans plusieurs autres pays, que la chair des animaux nouveau-nés ou même âgés de 3 à 4 semaines présente les mêmes défauts que celle des fœtus et provoque la diarrhée. Selon Ostertag, cette viande n'occasione pas des diarrhées profuses avec indisposition générale.

En 1895, le Dr Vallin s'exprimait ainsi à ce sujet à l'Académie de Médecine : « C'est un fait de notoriété publique que la viande de veau trop jeune cause souvent la diarrhée ; on l'explique en disant que cette viande est indigeste, laxative, facilement altérable ; ce sont des assertions, non des explications. On oublie de dire que si ces animaux ont été livrés trop jeunes à la consommation, c'est que quelques jours ou quelques semaines après leur naissance, ils sont morts de maladie, ou qu'on les a abattus quelques heures avant ce qu'on appelle très improprement la mort *naturelle.* »

Rien ne prouve que les viandes d'animaux trop jeunes soient insalubres, dit A. Sanson. On leur reproche d'être laxatives, mais les pruneaux possèdent la même propriété et on ne songe pas à en interdire la consommation. Incontestablement elles contiennent proportionnellement plus d'eau, sont moins nutritives et moins agréables, mais il serait excessif d'en empêcher la vente au détriment de ceux qui veulent les consommer (A. Sanson).

La question de l'insalubrité de la chair des animaux trop jeunes a été maintes fois traitée dans les journaux médicaux et vétérinaires. Elle a été discutée au Conseil d'hygiène du Rhône en 1829 (Grognier), au Conseil d'hygiène de la Seine en 1832 et 1834 (Huzard), à la Société de Médecine vétérinaire pratique en 1896, etc. Cette dernière Association a même adopté à cette époque une proposition de Morel et Teyssandier, tendant à ce que la fixation d'un âge minimum uniforme pour l'abatage des veaux de boucherie soit étudiée au Congrès vétérinaire de 1897.

Depuis le moyen âge et même bien auparavant, la viande des

animaux trop jeunes était exclue de l'alimentation. Ainsi l'âge minimum fixé pour l'abatage des veaux de boucherie était de 15 jours à Amiens 1317, à Troyes 1374, à Caen 1462, à Caudebec 1485, à Rouen 1487, au Mans 1640; de 17 jours à Pontoise 1403 et à Meulan 1404; de 3 semaines à Evreux 1421; de 6 semaines à Paris 1782, etc.

Cet âge minimum des veaux est encore très variable de nos jours selon les localités. Ainsi il est actuellement de 14 jours dans le Grand-Duché de Bade 1878, le canton de Zurich 1882; de 15 jours à Sainte-Menehould 1886, à Cateau 1893, etc.; de 16 jours dans le canton de Neuchatel 1850; de 18 jours dans celui de Lucerne 1889; de 20 jours dans celui de Fribourg 1892; de 3 semaines en Haute-Bavière 1862, dans le canton de Coire 1875; de 3 à 4 semaines en Wurtemberg 1879; de 4 semaines en Basse-Autriche 1886; d'un mois à Constantine 1886, Tunis 1887; de 40 jours à Nice 1869; de 6 semaines à Paris 1879; de 50 jours à Nancy 1884; de 60 jours à Marseille 1869.

L'âge minimum, établi pour l'admission des animaux à l'abatage, varie aussi dans une même localité selon les espèces. Ainsi, à Pont-à-Mousson 1892, on admet les chevreaux à 20 jours, les agneaux à 30 et les veaux à 40 ou 50. A Gênes 1894, on reçoit les agneaux et les chevreaux à 3 semaines, les veaux et les *porcs* à 1 mois; mais on permet de tuer des *petits porcs* de lait âgés de 1 à 2 semaines destinés à la préparation de quelques produits de charcuterie. A Naples 1889, les veaux sont reçus à 30 jours et les petits porcs à une semaine.

Moreau constate, comme je l'ai fait moi-même, l'absence d'un critère invariable servant à déterminer l'acceptation ou le refus des jeunes animaux, et signale l'impossibilité pratique de reconnaître l'âge à une ou plusieurs semaines près sur les sujets abattus. Comme base d'admission à la boucherie, il préfère les caractères de la chair et de la graisse à la prescription de l'unique condition d'un nombre quelconque de semaines, qui rend cette règlementation lettre morte. Toutefois, comme l'âge peut être déterminé avec plus de certitude sur l'animal vivant, Moreau ne croit pas inutile de demander un minimum de 3 semaines pour l'entrée des veaux aux abattoirs.

Les difficultés d'appréciation de l'âge des jeunes animaux ont été tournées, dans divers règlements, par la fixation d'un poids minimum vif ou net selon les localités : *Veaux. Poids vif :* 25 kil. à Saint-Dizier 1865, 35 kil. à Gap 1854, 40 kil. à Laon 1885, 45 kil. à Grenoble 1883, 50 kil. à Chauny 1876, etc. — *Veaux. Poids net :* 25 kil. à Sens 1857, 30 kil. à Chaumont 1886, 35 kil. à Annecy 1872, 50 kil. à Arcis-sur-Aube 1889, 60 kil. à Valenciennes 1883, etc. Des conditions analogues ont été imposées aux agneaux et aux chevreaux dans divers abattoirs. Comme pour les veaux elles n'offrent aucune garantie, car le poids ordinaire des jeunes animaux varie considérablement suivant les races toutes choses égales d'ailleurs.

Le poids de naissance peut aller de 10 kilogs avec les veaux d'Afrique jusqu'à 50 kilogs avec certains types normands, suisses, etc. Leclainche l'a évaluée en moyenne à 42 kil. 06 dans l'Aube. Le chiffre de 50 kil. est souvent dépassé ; je puis citer quelques veaux qui sont nés *vivants* avec des poids supérieurs à 60 kilogs : 62 kil. (Chollot), 62 kil. 5, 66 kil. 5 et 72 kil. 5 (Rolland), 63 kil. (Reibel), 66 kil. (Guillemin), 67 kil. 5 et 72 kil. 5 (Cosson), 74 kil. 5 et 75 kil. 5 (Chanteclair), 74 kil. 800 (Lucet), 75 kil. (Guinot), 75 kil. (Morot), 75 kil. 5 (Faivre), 82 kil. 5 (Lesne), etc. 23 fœtus recueillis à l'abattoir de Troyes m'ont donné les poids nets suivants après avoir été *saignés, dépouillés* et *habillés* comme des veaux de boucherie ordinaire : 13 de 9 à 15 kilogs, 9 autres de 16 à 19 kil., 3 de 21 à 22 kil., 1 de 23 kil. et 2 de 24 kil. Un poids net de 39 kilogs a été accusé, à la suite d'une préparation semblable, par un veau mort de diarrhée à l'âge de 6 jours et pesant brut 60 kil. à ce moment après avoir eu un poids de naissance de 75 kilogs.

Ligne de conduite. — Elle est la même que celle que j'ai indiquée au Congrès de 1897. En thèse générale, les animaux des espèce bovine, ovine, caprine, porcine, chevaline et asine, ne peuvent être abattus avant l'âge de 25 à 30 jours ; ils ne sont utilisables, juste après la fin de cette période qu'autant qu'ils n'ont pas été malades depuis leur naissance et qu'ils ont toujours été bien nourris.

3° *Viandes étiques (Étisie)*

Les animaux relativement maigres ou en état médiocre d'engraissement et, à plus forte raison, ceux en bon état d'entretien, présentent toutes choses égales d'ailleurs une graisse plus ou moins ferme et plus ou moins onctueuse après l'abatage. Une matière mollasse, diffluente, sirupeuse, jaunâtre ou grisâtre, véritable gelée, remplace la graisse chez les animaux étiques. Elle s'observe surtout dans le bassin, autour des rognons, entre les apophyses épineuses des vertèbres *(fente)*, dans le tissu celullaire intermusculaire, dans la cavité des os longs. En raison de cette dernière particularité, on dit que les animaux étiques *sont sans moelle, n'ont pas la moelle*. La transformation de la graisse en matière gélatineuse ne s'effectue pas simultanément partout au même degré sur un même animal. Elle est plus tardive autour du cœur qu'à la fente vertébrale et dans certains os que dans d'autres. Le tissu musculaire est souvent, mais non constamment, émacié, atrophié et flasque. Il existe généralement de la sérosité claire ou une substance gélatineuse dans le tissu cellulaire intermusculaire.

Ligne de conduite. — La saisie totale doit être rigoureusement appliquée, alors même qu'une émaciation marquée ne coïnciderait point avec la gélatinisation du tissu adipeux. On ne saurait accepter les animaux étiques sous prétexte qu'ils sont encore charnus, *qu'ils ont encore de la viande* et qu'ils sont très convenables pour faire des saucissons au dire des intéressés.

4° *Viandes cachectiques. (Cachexie avancée : 1° Cachexie aqueuse ; 2° Cachexie sèche.)*

Cet état pathologique est caractérisé par la pâleur de tous les tissus et liquides de l'économie. Il peut se présenter sous deux aspects différents : 1° la cachexie aqueuse ou molle ; 2° la cachexie sèche.

Dans la première forme, la graisse, blanchâtre ou jaunâtre selon les sujets, est semi-fluide, plus ou moins muqueuse, mais non gélatineuse comme dans l'étisie ; le tissu cellulaire est rempli de sérosité et la viande est plus ou moins imbibée d'eau. Dans la seconde forme, observée surtout chez le mouton, la graisse au lieu d'être onctueuse se montre sèche et farineuse, se pulvérise sous la pression des doigts et semble d'après Villain et Bascou manquer complètement d'oléine.

Ligne de conduite. — La saisie totale s'impose : 1° quand les animaux, atteints de cachexie avancée, présentent une graisse mollasse et un tissu cellulaire infiltré de sérosité ; 2° quand chez les sujets, sous le coup d'une cachexie sèche avancée, l'émaciation musculaire a atteint un certain degré (Villain et Bascou), est accentuée en un mot ou que la graisse fait presque complètement défaut.

5° *Viandes hydroémiques (Hydropisie générale du tissu cellulaire sous-cutané et intermusculaire)*

Une infiltration plus ou moins abondante de sérosité claire, siégeant dans le tissu cellulaire et coïncidant avec une consistance normale du tissu adipeux, caractérise cet état pathologique. La graisse est baignée par un liquide séreux mais elle a conservé sa structure ordinaire au lieu d'être transformée en matière muqueuse comme dans la cachexie aqueuse, ou en substance gélatineuse comme dans l'étise. Si elle était essorée, elle cesserait d'être mouillée ou humide et se sécherait pour prendre un aspect absolument normal.

L'hydropisie générale s'observe aussi bien sur des sujets relativement maigres que sur des bêtes grasses. Aussi Lignières qui l'appelle *hydroémie* a-t-il pu la désigner sous ce nom dans les termes suivants : « Infiltration généralisée du tissu conjonctif intermusculaire par une sérosité abondante, limpide, tremblotante, compatible avec un certain état de graisse. »

Ligne de conduite. — La saisie totale est de rigueur pour les viandes hydroémiques.

Considérations diverses sur les viandes étiques, cachectiques et hydroémiques.

Ces trois sortes de viandes sont traitées par Villain et Bascou dans un même paragraphe, le § 4 relatif à l'ensemble des viandes maigres, mais comprenant les subdivisions suivantes : A. maigreur extrême (1) ; B. hydrohémie ; C. cachexie acqueuse ; D. anémie ; E. hématurie. Les mêmes auteurs s'occupent de la leucocythémie (§ 5) et des hydropisies, de l'anasarque (§ 6). Leurs descriptions de ces divers états pathologiques contiennent de fréquentes répétitions ; celles-ci étaient inévitables, puisque la plupart de ces classements reposent sur des différences plutôt de dénomination que d'altérations. Pautet n'a pas suivi l'exemple de Villain et Bascou dans son paragraphe intitulé : Viandes trop maigres, cachectiques, hydroémiques. Toutefois sa classification n'est qu'apparente, simplement bornée au titre, puisque sa description est limitée aux caractères physiques des *viandes maigres*. Je tiens à répéter combien cette dernière qualification est impropre en matière de saisie, et j'insiste de nouveaux pour qu'elle disparaisse de nos règlements, afin de faire place à celle de *viandes étiques* ou *étisie*. D'après Pautet, la *maigreur* compte parmi les cas qui suscitent le plus d'embarras aux inspecteurs, chacun de ceux-ci ayant des vues particulières sur cet état. En me rappelant sa critique des usages de l'inspection de Paris à ce sujet, son indication d'une distinction pratique entre la maigreur ordinaire et la maigreur extrême, je m'étonne que notre confrère ait employé simplement le mot précité « maigreur ». J'espère qu'il le fera disparaître de sa seconde édition, et qu'il contribuera ainsi à la diminution des saisies irrationnellement variables par le fait de certaines désignations impropres des motifs de ces saisies.

Les viandes maigres qui ont encore la moelle et dont les lésions concomitantes sont nulles ou insignifiantes, dit avec raison Pautet, ne peuvent être saisies par ce seul fait qu'elles sont dures, coriaces, riches en eau, pauvres en graisse, et par conséquent peu nutritives.

D'après le Dr Letheby cité par Van Hertsen, la proportion d'eau non supérieure à 45 °/₀ chez les animaux très gras, peut atteindre 65 °/₀ chez les maigres, et la viande grasse renferme

(1) Villain et Bascou désignent l'étisie par maigreur extrême et Pautet appelle les viandes étiques des viandes trop maigres.

une quantité de matières nutritives supérieure de 50 % à celle de la viande maigre.

Schumacher rapporte les analyses suivantes faites à l'Ecole agricole de Schloen (Bohême) :

Substances	Bœufs gras	Bœufs maigres
Eau........	390	597
Chair musculaire....	356	308
Graisse......	239	81
Matières extractives.	15	14
Totaux......	1000	1000

Les comparaisons faites entre les viandes maigres et les viandes grasses, à la suite d'analyses chimiques de ce genre, ont sans doute motivé les mesures suivantes : A Auxerre 1889, on saisit tout animal maigre qui, 12 heures après l'abatage, ne donne point en viande nette un rendement de 40 % du poids vif constaté avant l'abatage. A Trieste 1888, les bêtes bovines ne sont livrées à la consommation, que si leur pourcentage de graisse calculé sur le poids des quartiers et du suif est de 7 ou 8 selon les races.

Les viandes étiques, cachectiques et hydroémiques sont dégoûtantes et se conservent peu à cause des infiltrations séreuses dont elles sont le siège. Ces caractères suffisent, au moins autant que la diminution de leur pouvoir nutritif, à motiver la saisie. Celle-ci doit avoir lieu quel que soit le motif (maladie, fatigue, régime, etc.) qui ait provoqué l'étisie, la cachexie ou l'hydroémie (1). Tout en admettant que la viande cachectique ne soit pas toujours nécessairement insalubre, Sanson estime qu'elle peut sans inconvénient être saisie, parce que d'une part elle est aussi peu nutritive que peu digestible et que, d'autre part, il n'y a pas lieu de s'intéresser à des éleveurs assez négligents pour laisser tomber leurs animaux en cachexie et être obligés de s'en débarrasser à vil prix. Déjà en 1843, Loiset

(1) Villain, Bascou et Pascault signalent une forme spéciale d'hydroémie qui se développe chez les porcs nourris de soupes, d'eaux grasses de casernes, de détritus de toutes sortes ou de poissons en décomposition : Le tissu cellulaire est gorgé d'eau, les muscles sont pâles et infiltrés, le lard est mou et peu abondant.

protestait contre le débit des viandes trop maigres qui, disait-il, étaient indigestes et déterminaient assez communément la diarrhée.

6° *Maigreur accentuée associée à un état soit morbide soit anormal, léger ou douteux.*

Entre les animaux très maigres saisis pour étisie et ceux un peu moins maigres livrés à la consommation, il n'existe pas une délimitation bien nette. On dit des derniers, dans le langage courant de la boucherie ou de l'inspection, qu'ils *ont leurs droits*, qu'ils *sont sur la limite*. On doit reconnaître qu'ils n'ont qu'une faible valeur commerciale, quoiqu'ils soient détaillés aux consommateurs à des prix relativement élevés, et que leur maigreur ne diffère pas beaucoup de celle des sujets exclus de la consommation comme n'ayant pas la moelle. Fréquemment les inspecteurs les laissent vendre à regret, parce qu'au fond les fameux « droits » ne sont pas très nets et qu'il s'agit d'une piètre marchandise. Ces animaux, qui à peine *ont la moelle* et dont l'état de maigreur confine à l'étisie, peuvent offrir en même temps soit un autre état, normal, soit une maladie à un degré indéterminé ou douteux n'entraînant pas *ipso facto* la saisie. J'estime que ces animaux, acceptés avec indulgence avec leur maigreur seule, devraient être saisis quand à cet état vient s'ajouter un autre motif de dépréciation. C'est du reste ce qui se passe pour la tuberculose, puisque « les lésions tuberculeuses quelle que soit leur importance » suffisent à entraîner la saisie, quand elles sont accompagnées de maigreur. Il faudrait que cette règle devînt commune à toutes les autres maladies, à tous les autres états anormaux coïncidant avec l'amaigrissement bien marqué qui, selon de Jong, laisse à la chair des animaux tuberculeux une valeur nutritive ou matérielle si petite que les frais de stérilisation surpasseraient le prix de cette viande.

Ligne de conduite. — La maigreur, confinant à l'étisie et ne suffisant pas elle seule à motiver la confiscation, doit entraîner la saisie des animaux qui présentent simultanément soit une maladie, soit un état anormal douteux ou dépréciant simplement la viande sans l'altérer sensiblement.

DEUXIÈME CLASSE. — Saisies totales ou partielles selon les cas

Première série. — Viandes microbiennes

1° *Tuberculose chez toutes les espèces animales*

La tuberculose est une maladie contagieuse, inoculable, commune à l'homme et à toutes les espèces domestiques, fréquente surtout chez les bovins et les porcs, due à la présence du bacille de Koch dans les tissus. Le sang ne contient ces bacilles qu'à des moments déterminés et chez quelques animaux malades ; il ne sert qu'à transporter momentanément ces microbes et est impropre à la culture du virus tuberculeux ; sa virulence est donc exceptionnelle, sans qu'on puisse en déterminer exactement la fréquence et les conditions. Les muscles ne sont presque jamais virulents ; quelle que soit la forme de l'évolution, les bacilles sont toujours assez rares pour que leur présence ne puisse être décelée, par les modes les plus sévères de l'inoculation aux réactifs animaux les plus sensibles. Les bacilles se montrent pendant un temps plus ou moins long dans toutes les lésions spécifiques ; ils sont ordinairement abondants dans les suppurations tuberculeuses ; ils perdent peu à peu leur vitalité dans nombre de foyers enkystés et dégénérés.

Autrefois, aux dates indiquées ci-dessous, la vente de la viande des bovins tuberculeux était interdite aux bouchers de Paris, 1363, 1381, 1580, 1587 ; de Troyes, 1374, 1564, 1604, 1662, 1782 ; de Reims, 1380, 1389, 1625, 1737 ; de Pernes-en-Picardie, 1390 ; d'Abbeville fin du XIVe siècle, de Pontoise, 1403 ; Evreux, 1424, 1490 ; Caen, 1462 ; Caudebec, 1485 ; Rouen, 1487, 1497 ; Chartres, 1596 ; Le Mans, 1640, etc.

Les viandes des animaux tuberculeux ont été, au point de vue de l'alimentation humaine, l'objet d'opinions diverses et nombreuses qu'il est impossible de discuter et même de faire connaître ici. En 1888, Veyssière invitait le premier Congrès de la Tuberculose à établir le détail complet des lésions, susceptibles d'entraîner la saisie des animaux tuberculeux, et demandait que les décisions de l'Assemblée à ce sujet fussent codifiées par le Gouvernement, de façon à être rendues obligatoires pour tous les inspecteurs. Le Congrès approuvant les idées de Chauveau, Arloing, Butel, etc., émettait un vœu en faveur de la saisie totale de toutes les viandes d'animaux atteints de tuberculose, quelle que soit la gravité des lésions tuberculeuses observées. A ce moment même, l'arrêté ministériel du 28 juillet 1888 venait interdire la consommation des animaux de l'espèce bovine présentant : 1° des lésions généralisées, c'est-à-dire non confinées exclusivement dans les organes viscéraux et leurs ganglions lymphatiques ; 2° des lésions, bien que localisées, ayant envahi la plus grande partie d'un viscère ou se traduisant par une éruption sur les parois de la poitrine ou de la cavité abdominale.

L'arrêté ministériel du 28 septembre 1896 prescrivit les mesures suivantes, plus tolérantes à l'égard des viandes de bovins tuberculeux.

Saisie totale : 1° En cas de lésions tuberculeuses quelconques accompagnées de maigreurs ; 2° en cas de tubercules dans les muscles ou dans les ganglions intra-musculaires ; 3° en cas de généralisation traduite par des éruptions miliaires de tous les parenchymes et notamment de la rate ; 4° en cas d'existence « de lésions tuberculeuses importantes à la fois sur les organes de la cavité thoracique et sur ceux de la cavité abdominale ».

Saisie partielle : 1° en cas de tuberculose « localisée soit à la cavité thoracique, soit à la cavité abdominale » ; 2° en cas de lésions tuberculeuses « peu étendues », « existant à la fois dans la cavité thoracique et la cavité abdominale ». On rejette les portions de viande (parois costales ou abdominales), directement en contact avec les parties malades de la plèvre ou du péritoine ; dans tous les cas on détruit les organes tuberculeux, quelle que soit l'étendue de la lésion.

Stérilisation. — Les viandes suffisamment grasses d'animaux tuberculeux peuvent être consommées, après stérilisation d'une heure au moins dans l'eau bouillante ou dans la vapeur sous pression, à l'abattoir, sous le contrôle du vétérinaire inspecteur.

Ces nouvelles mesures sont conformes aux idées suivantes, exposées dans les éditions de 1896 et 1898 du *Traité des maladies microbiennes de Nocard et Leclainche* et qu'on peut ainsi résumer : L'infectiosité des viandes des bovins tuberculeux est exceptionnelle et, quand elle existe, elle est peu prononcée. Celle très rare des muscles n'est qu'exceptionnellement appréciable par l'inoculation au cobaye, animal très sensible à l'infection tuberculeuse. La consommation d'une viande crue ou insuffisamment cuite, renfermant quelques bacilles, serait certainement sans effet sur l'homme. La cuisson au moins partielle de cet aliment et la discontinuité des ingestions virulentes contribuent, avec la faible virulence musculaire, à favoriser l'innocuité des chairs tuberculeuses. Le danger théorique de l'ingestion de ces viandes n'est guère plus concevable que celui auquel s'exposent, chaque, jour des milliers d'individus séjournant dans des locaux infectés par des phtisiques. La cuisson la plus simple assure la stérilisation des viandes seulement souillées à leur surface par le contact des lésions tuberculeuses. « La présence de petites masses tuberculeuses adhérentes aux séreuses ou disséminées dans le système lymphatique intermusculaire constitue une source de réels dangers, qui nécessitent à eux seule l'inspection sanitaire de tous les animaux destinés à la consommation... La loi française qui ordonne la saisie, dans tous les cas de tuberculose très étendue ou généralisée, donnerait une satisfaction complète si son application était assurée. » Les viandes suspectes fournissent une excellente alimentation, exempte d'inconvénients, quand elles ont subi la stérilisation par la chaleur, la seule efficace, dans des étuves à vapeur sous pression qui permettent d'obtenir au centre des masses musculaires une température supérieure à 100° c.

En 1898, Galtier a émis des idées encore plus larges sur l'utilisation des viandes d'animaux tuberculeux, en se basant sur des expériences négatives : 1° d'ingestion de viandes saisies pour tuberculose aux abattoirs, répétée pendant plusieurs semaines sur des porcs, moutons, lapins et cobayes ; 2° d'ingestion de suc et de hachis de parcelles de viandes, répétée 2, 3, 4, 5 fois sur des cobayes. Il a conclu de ces faits qu'on pouvait impunément et qu'on devait arriver à ne plus saisir les viandes d'animaux tuberculeux, lorsqu'il n'y a pas maigreur accusée d'une part et que d'autre part il n'y a pas de lésions musculaires ou osseuses graves.

Après discussion des rapports Butel, de Jong et Ostertag, le Congrès Vétérinaire de Baden-Baden de 1899 a adopté, au sujet des viandes d'animaux tuberculeux, les mesures suivantes dont l'exposé n'est pas toujours clair en certains points faute de détails suffisants :

2° Saisie des organes tuberculeux avec leurs dépendances anatomiques.

3° Saisie des ganglions tuberculeux de la viande avec leurs dépendances anatomiques (1). Stérilisation de la viande et de la graisse après ablation des os, des articulations, des vaisseaux et des glandes lymphatiques *pathologiques*, si les altérations tuberculeuses sont limitées aux ganglions intramusculaires.

4° Vente ordinaire de la viande à l'état cru, en cas de tuberculose locale ou de généralisation tuberculeuse arrêtée et limitée aux viscères. Cette vente se fera avec déclaration, si le processus tuberculeux des viscères offre une extension considérable.

5° Saisie totale de la viande et fusion de la graisse en cas de cachexie prononcée, ou en présence d'une infection récente du sang (tumeur de la rate, tuméfaction des glandes lymphatiques ou tuberculose miliaire de la rate, du foie, du poumon ou des reins).

6° Stérilisation de toute la viande si le caractère local de la maladie ou l'innocuité de la viande sont douteux, principalement en présence de cavernes tuberculeuses, de foyers caséeux étendus ou d'un commencement de troubles dans la nutrition.

7° Les viandes stérilisées et la graisse fondue pour tuberculose ne doivent être vendues que sous déclaration.

Dans le cours de la discussion, sur la demande de Stubbe, Ostertag a donné les indications suivantes pour les cas de

(1) De Jong voulait la saisie totale, si un seul ganglion lymphatique des masses musculaires était tuberculeux. Butel demandait la stérilisation des viandes de tous les animaux tuberculeux à n'importe quel degré ; il en a été de même de Perroncito. Cadéac s'est déclaré partisan de la saisie totale de tous les animaux tuberculeux.

tuberculose ganglionnaire prévus au paragraphe 3°. En cas de tuberculose des ganglions hépatiques, on saisit ces ganglions et le foie ; en cas de tuberculose du ganglion axillaire, on saisit toute l'épaule avec cette glande ; en cas de tuberculose du ganglion poplité, on saisit toute la cuisse.

A Baden-Baden, j'ai été l'interprète de plusieurs de mes collègues d'abattoirs en demandant pour la tuberculose une réglementation gouvernementale détaillée, très nette et très claire, en faisant valoir que l'inspection reposait presque entièrement sur des détails trouvés, par certains membres, inutiles ou non susceptibles de prendre place dans un règlement. Les questions posées par Degive et Stubbe et la discussion subséquente ont démontré, sans conteste, que cette réglementation détaillée est indispensable, afin d'éviter que les inspecteurs discréditent l'inspection en agissant différemment les uns des autres. On peut citer à ce propos un grave conflit soulevé à l'abattoir de Milan en 1898, entre les jeunes inspecteurs et les anciens inspecteurs qui ne s'entendaient pas, sur l'application des prescriptions trop concises du décret du 3 août 1890 en matière de tuberculose. Les premiers voulaient saisir même les animaux gras en cas de tuberculose pulmonaire et hépatique à un degré quelconque, intéressant seulement les glandes lymphatiques, sans tuberculisation des séreuses pariétales. Les seconds n'admettaient que la saisie des animaux maigres, mais seulement en cas de tuberculose thoracique et abdominale grave des viscères, avec envahissement des ganglions et des séreuses pariétales ; dans tous les autres cas, ils limitaient la saisie aux viscères atteints. A la suite de cette grave affaire qui fit beaucoup de bruit, la Municipalité dut sévir contre plusieurs inspecteurs.

En principe tout animal tuberculeux devrait être saisi, car il est généralement impossible de reconnaître le degré réel de l'infection. De puissantes raisons économiques, appuyées sur des arguments scientifiques plus ou moins contestés, ont empêché jusqu'ici l'application générale du procédé théorique de la saisie totale, et ont imposé l'emploi de la saisie partielle dans un grand nombre de cas. Baillet a énormément contribué à la diffusion de cette tolérance, en répétant que la maigreur est le principal signe de la généralisation tuberculeuse, en affirmant en 1888 qu'il n'a jamais rencontré de ganglions intramusculaires tuberculeux. Or, c'est un fait acquis que la tuberculose est surtout une maladie des animaux gras, souvent avec des lésions extraordinaires siégeant soit sur les séreuses pariétales, soit dans les divers ganglions intramusculaires (préscapulaires, précruraux, ischiatiques, poplités, etc.). En 1898, Galtier a fait prévoir le moment où le nombre des saisies totales pour tuberculose tomberait à un chiffre très réduit. Ces appels à l'indulgence en faveur des animaux tuberculeux donnent certainement satisfaction aux éleveurs, mais ne font-ils pas trop oublier que les consommateurs comptent pour quelque chose. On ne songe pas assez que le public dédaignerait bien des viandes, dont l'utilisation alimentaire est recommandée, s'il en connaissait la nature tuberculeuse. Croit-on que la pitié de l'inspection est bien justifiée à l'égard de certains cultivateurs, qui déclarent cyniquement qu'ils ne mangeraient pas de leurs animaux tuberculeux dont ils réclament l'envoi à la boucherie?

L'arrêté ministériel de 1896 n'est pas interprété uniformément par tous les vétérinaires inspecteurs français. Il en serait autrement, s'il était plus détaillé, plus complet; j'ai déjà signalé ces desideratas au Congrès de 1897. Plusieurs fois je me suis trouvé embarrassé à cet égard et, dans certaines circonstances, je n'ai pris une décision qu'après avoir consulté M. le professeur Nocard, dont les avis autorisés ne m'ont jamais fait défaut. Un règlement gouvernemental devrait indiquer sans ambiguité, avec des détails très clairs, une ligne de conduite aux vétérinaires sanitaires, de façon à ne rien abandonner à l'arbitraire des inspecteurs et à éviter toute critique de leurs actes. Il importe qu'il fasse connaître si la saisie partielle suffit : 1° chez un bœuf dont la tuberculose pulmonaire est associée à la tuberculose d'un seul ganglion intramusculaire (sus-sternal, préscapulaire, précrural, ischiatique ou poplité); 2° chez un bœuf dont la tuberculose paraît limitée, mais dans une étendue considérable, aux viscères et aux parois soit de la cavité thoracique, soit de la cavité abdominale ; 3° chez un veau dont une tuberculose pulmonaire plus ou moins discrète coexiste avec une tuberculisation miliaire étendue d'un *seul* autre viscère, soit du foie, soit de la rate ; 4° chez un veau dont une tuberculose pulmonaire plus ou moins légère s'accompagne de 2 ou 3 tubercules miliaires de la rate ; 5° d'un veau dont la tuberculose s'annonce exclusivement par une infection miliaire étendue du poumon ; etc. Un inspecteur que ses propres opinions portent à la sévérité peut très bien être indulgent par ordre, mais par ordre nettement formulé le mettant à couvert envers et contre tous. Un règlement gouvernemental doit également : 1° définir nettement l'état de maigreur susceptible d'entraîner la saisie des animaux tuberculeux ; 2° énumérer les cas où la stérilisation doit avoir lieu.

Ligne de conduite. — Je suis partisan de la stérilisation des viandes de tous les animaux tuberculeux gras, dans toutes les espèces, sauf en cas de lésions de la plupart des ganglions intramusculaires ou de tuberculose généralisée des os. Mais considérant que cette stérilisation est pratiquement impossible à l'heure actuelle, je demande l'application de l'arrêté ministériel du 28 septembre 1896 à toutes les espèces animales, et son adaptation aux conclusions du Congrès de Baden-Baden, avec indication très détaillée des cas où la viande doit être saisie en totalité ou en partie, mise en vente à l'état cru ou après cuisson. Je réclame en outre : 1° le débit des viandes stérilisées avec déclaration aux acheteurs ; 2° la destruction de tous les viscères, de la tête, des mamelles ou des testicules pour chaque cas de tuberculose *à un degré quelconque*, parce que ces organes sont généralement souillés par les lésions quand ils ne sont pas eux-mêmes atteints, et que les altérations dont ils peuvent être le siège sont parfois méconnues.

2° *Pseudo-tuberculose du mouton*

Cette affection, étudiée par Preisz, Guinard, Morey, Turski (cité par Nocard et Leclainche) et par Moussu, qui l'appelle lymphadémie caséeuse, a été observée plusieurs fois par Labully à Saint-Etienne et par Morot à Troyes. Elle est due à un bacille spécial pathogène pour le lapin et le cobaye. Les lésions sont constituées par des masses fibreuses arrondies, renfermant une matière caséeuse ou puriforme ; elles siègent dans le poumon, le rein, le foie, sur les séreuses, dans les ganglions prépectoraux, médiastinaux, préscapulaires, précruraux, poplités. Dans quelques cas observés à Troyes, les altérations caséeuses du poumon et de ses ganglions étaient seules, ou associées à des lésions analogues d'un ou deux ganglions intra-musculaires (préscapulaires, précruraux, poplités, etc.).

Ligne de conduite. — Saisie partielle ou totale, selon que la maladie est localisée ou généralisée. La caséification des ganglions intra-musculaires profonds rentre dans ce dernier cas.

3° *Farcin du bœuf*

Cette maladie, due à un parasite du genre « *streptothrix* », est chronique. Elle est caractérisée par une infiltration suppurative des vaisseaux et des ganglions lymphatiques superficiels. Chez certains animaux, le poumon, le foie, la rate et leurs ganglions sont farcis de pseudo-tubercules caséeux ou purulents au centre.

Ligne de conduite. — Saisie partielle ou totale, selon que la maladie est localisée ou généralisée.

4° *Actinomycose*

Due à un parasite nommé *actinomyces bovis* ou *streptothrix bovis*, cette affection est caractérisée par des suppurations, et des néoformations inflammatoires de divers tissus (os, viscères, ganglions, etc.). Exceptionnelle chez le mouton, elle est fréquente chez les bovins, moins commune chez le cheval et le porc (1).

Ligne de conduite. — Saisie partielle ou totale, suivant que l'affection est généralisée ou localisée.

5° *Botryomycose*

Plus rare chez le bœuf que chez le cheval, cette affections et caractérisée par des néoformations inflammatoires de certains tissus, dues à un microbe appelé *botryomyces equi* et considéré par quelques-uns comme un staphylocoque.

Ligne de conduite. — Comme pour l'actinomycose.

(1) L'actinomycose musculaire du porc et du mouton serait due non aux *actinomyces de Duncker*, mais à des sarcosporidies, d'après Lemcke, et à des streptocoques, d'après Olt. Elle entraîne la saisie totale à Berlin (Nocard et Leclainche).

6° *Tétanos*

Le tétanos est une maladie virulente, caractérisée par des contractions permanentes des muscles, due à une intoxication des centres nerveux par les produits de sécrétion d'un bacille pathogène appelé bacille de Nicolaier. Il constitue le type des empoisonnements spécifiques par les toxines microbiennes. Le bacille de Nicolaier est pathogène pour le cheval, le bœuf, le mouton, la chèvre, le porc, le chien, le lapin, etc. Le tétanos s'observe fréquemment chez le cheval, à la suite de traumatismes divers ou de certaines opérations chirurgicales ; c'est un accident traumatique rare chez les bovidés ; la maladie est constatée surtout chez les vaches, à la suite de la parturition et de la non délivrance (tétanos puerpéral). Chez le mouton et le bouc, l'affection est assez fréquente après la castration. Elle sévit chez les poulains, les agneaux et les veaux, à la suite des souillures de la plaie ombilicale ou comme complication de l'omphalophlébite (tétanos des nouveaux-nés). Chez l'homme, le tétanos paraît plus souvent mortel que chez les animaux. Il n'existe aucune lésion spécifique connue. « Lors d'infection accidentelle, les bacilles de Nicolaier sont rencontrés en abondance au niveau de la plaie d'inoculation ; il sont retrouvés à la fois dans le pus et dans le tissu conjonctif voisin du foyer. Dans le tétanos puerpuéral, la virulence est étendue au contenu de l'utérus ou au mucus vaginal. En règle générale, la virulence reste étroitement limitée au foyer de culture initial. Pendant la vie, le bacille n'est jamais rencontré dans le sang, ni dans les viscères ; il peut envahir la grande circulation et les parenchymes pendant l'agonie et après la mort. La virulence des centres nerveux est également exceptionnelle » (Nocard et Leclainche).

Le bacille de Nicolaier est abondamment répandu à la surface du sol, dans l'eau et les poussières. Ses spores se déposent sur les plaies en contact avec les litières, la terre, etc., et les infectent quand elles y trouvent un milieu favorable à leur germination. « L'apparition du tétanos, en dehors d'une plaie appréciable, s'explique sans l'intervention d'un tétanos *rhumatismal* d'origine indéterminée. En effet, le traumatisme initial peut siéger, sur les muqueuses comme sur la peau, en des points difficilement explorables. En outre, les spores tétaniques peuvent être transportés avec les leucocytes dans des régions plus ou moins profondes, où elles trouvent un terrain favorable et constituent un foyer tétanigène (contusion musculaire, foyer de pneumonie, lésion du foie). Elles peuvent être portées sur la muqueuse vaginale pendant les manœuvres obstétricales. En cas de rétention et de putréfaction du placenta, les germes tétaniques apportés du dehors trouvent probablement un milieu convenable dans les matières putrides de l'utérus, et les toxines sont résorbées par les cotylédons. Les bacilles de Nicolaier secrètent sur place, au niveau du foyer de culture, une toxine extrêmement active. Celle-ci est ensuite résorbée : elle gagne les centres nerveux à la fois par le sang et par les nerfs pour se fixer sur la cellule nerveuse, grâce à une affinité chimique particulière.

En 1891, à Venise, la Commission sanitaire, la Commission de police urbaine et le Conseil municipal, approuvèrent une prescription réglementaire ordonnant que les animaux tétaniques devaient être absolument exclus de la consommation, malgré l'opposition du Conseil provincial de santé, qui adressa une protestation au Ministre de l'Intérieur. Trévisan, vétérinaire directeur de l'abattoir de Venise, combattit cette opposition dans la *Revue vénitienne des Sciences médicales* de 1892. Il affirma le danger des viandes en cas de tétanos, en s'appuyant sur des inoculations positives de matières tétaniques effectuées par divers expérimentateurs et par lui-même. Quelque temps après, le Ministre de l'Intérieur donna raison à l'Administration communale de Venise en maintenant le tétanos comme motif d'exclusion absolue de la consommation ; le 21 octobre 1892, la prescription en litige fut approuvée par le Préfet et continua à être en vigueur depuis cette époque.

En 1892, ayant appris que dix personnes étaient mortes dans l'Amérique du Nord après avoir mangé de la viande tétanique, Heile et Sosna, vétérinaires inspecteurs à Brême, décidèrent de saisir les animaux atteints de tétanos à un degré quelconque. L'Administration municipale de cette ville consulta à ce sujet deux vétérinaires d'abattoirs : l'un admettait la consommation des sujets sans fièvre ni sueur, à rate normale et dont le sang coagulait normalement ; l'autre ne saisissait qu'en cas de fièvre. Heile et Sosna s'étant adressés à l'autorité supérieure, celle-ci décida que, conformément à leurs vues, les animaux tétaniques devaient toujours être rejetés, aussi bien à période initiale du tétanos qu'à des périodes plus avancées.

A la séance du 14 mars 1894 de la Société de Médecine vétérinaire pratique, Teyssandier posa la question suivante : « La chair des animaux tétaniques peut-elle être consommée sans danger? Contrairement à l'opinion de Sormani, il affirma que l'ingestion de cette chair pouvait être dangereuse, en se basant sur les faits suivants signalés par Betoli : En 1859, au Brésil, deux esclaves moururent et un autre fut assez gravement malade, après avoir mangé de la viande d'un taureau mort du tétanos de castration. Les paysans du Brésil, de la République Argentine et de l'Uruguay, abandonnent les bœufs qui succombent au tétanos, parce qu'ils en croient la chair malsaine. D'après le professeur Guelpa, la viande des animaux tétaniques doit être absolument bannie du commerce, à cause de ses microorganismes et de ses toxines.

A la séance du 8 juin 1894, H. Rossignol appuie la proposition de Teyssandier en réclamant la saisie des viandes tétaniques ; il regrette qu'on n'ait pas encore trouvé un moyen de les reconnaître après l'abatage. Greffier approuve la saisie des animaux atteints de tétanos, à cause du danger des toxines de leurs chairs. Bourrier veut la saisie totale, même au début de la maladie ; il avait déjà manifesté une opinion analogue en 1890 dans la deuxième édition du Manuel de Villain et Bascou, et Leclerc lui avait alors reproché de « manifester peut-être trop de rigueur à l'égard des viandes tétaniques. » Morot rappelle que Griolet aîné, Baillet, Morcillo, Walley, Guinard, refusent seulement les animaux atteints de tétanos avancé ou coïncidant avec des lésions fiévreuses, que Toscano et Postolka sont partisans de la saisie totale dans tous les cas. Il rapporte que le refus des animaux tétaniques est mentionné dans les règlements de Dijon, Orléans, Limoges, Narbonne, Le Havre, Châlons, Melun, Vienne (Autriche), Moravie, Belgique, Grand duché de Luxembourg, Lisbonne, Porto, Coimbre, qu'il n'a lieu à Troyes que quand les chairs sont fiévreuses (1888).

D'après Ostertag 1895, la viande tétanique ne peut être considérée comme malsaine par le fait du tétanos, mais elle possède absolument les caractères d'un aliment corrompu, car en général elle est imparfaitement saignée ; en outre, les muscles du squelette ont subi la dégénérescence parenchymateuse, de même que le cœur, offrent une mollesse anormale et possèdent une odeur et une saveur fades. Suivant Vollers de Hambourg 1895, la vilaine couleur et l'inflammation de la viande tétanique suffisent à en motiver la saisie.

Selon Niebel (de Berlin) 1896, on n'a jamais constaté la transmission du tétanos à l'homme par les viandes tétaniques, et les aliments végétaux sont souvent ingérés avec des germes de tétanos sans lui communiquer cette affection, comme l'a fait remarquer Ostertag. Niebel se contente de saisir la région qui est le siège du foyer infectieux et qui contient les éléments virulents du tétanos. Pour saisir ces parties, il faut connaître le lieu d'entrée de l'infection tétanique, soit la région où le tétanos a commencé plutôt que le point initial lui-même. En raison de son obscurité et de sa ténuité, le foyer d'infection est difficile à découvrir par la démonstration microscopique des éléments tétanique. Au Congrès de 1897, Trasbot a déclaré — sans en expliquer la raison — qu'il suffisait de couper immédiatement la tête des animaux atteints de tétanos pour utiliser la viande sans inconvénient.

Ligne de conduite. — A Troyes, la saisie totale n'a lieu qu'en cas de tétanos généralisé et de tétanos étendu (Règlement du 29 décembre 1894). Limitée à ces cas, elle me paraît suffisante, tant que l'étude des viandes tétaniques ne sera pas plus avancée. Quand l'affection est restreinte et que la viande n'est pas fiévreuse, il n'y a qu'à éliminer la région tétanique.

7° *Coyza gangréneux des bovidés*

Le coryza gangréneux est une maladie générale, infectieuse, spéciale aux bovidés, caractérisée par des signes d'intoxication et par des altérations inflammatoires sur la muqueuse des premières voies respiratoires. Il comprend une forme *grave*, qui est la plus habituelle, et des formes atténuées ou *bénignes*. D'après

Leclainche, il est dû à une forme coli-bacillaire et les symptômes constatés expriment une intoxication par les produits solubles sécrétés. Le microbe de cette affection présente les caractères généraux du *bacterium coli;* il est pathogène pour le bœuf, le lapin, le cobaye, etc. Il se rencontre dans l'intestin, dans les ganglions du bord concave de l'intestin grêle et, au moins dans certains cas, sur la pituitaire, dans les cornets et dans les ganglions sous-glossiens. « Il produit des toxines auxquelles doivent être rapportés presque tous les accidents observés. Les altérations initiales des muqueuses sont liées à l'intoxication seule ; elles sont provoquées vraisemblablement par l'élimination des poisons résorbés. En même temps, il envahit certains tissus; on le retrouve au niveau des lésions spécifiques, dans le jetage et les autres exsudats des muqueuses. Les accidents de suppuration et de nécrose des muqueuses sont secondaires ; ils sont dus à un envahissement des tissus altérés par les streptocoques pyogènes et par des parasites occasionnels vulgaires. La viande peut être consommée sans inconvénient, alors que les animaux ont été sacrifiés au début de la maladie. » (Nocard et Leclainche.)

En 1880, la viande des bovins atteints de *coryza gangréneux* a été l'objet de nombreuses discussions, dans l'*Echo des Sociétés et Associations vétérinaires de France.* Larmet la déclare malsaine et saisissable. G. Chénier la trouve, au contraire, consommable quand les animaux incurables sont abattus prématurément. Sur ce point, il est en communauté d'idées avec de nombreux vétérinaires du Doubs, ainsi qu'avec Rivière (de l'Arbresle), Delarbeyrette (de Guéret) et Plaisance (de la Souterraine). Pour tous l'abatage est préférable au début de la maladie, mais le vétérinaire est appelé bien plus rarement à ce moment qu'à l'instant où les symptômes sont déjà fortement accentués. Comme en ce cas la viande ne lui paraît pas altérée au point d'être insalubre, Chénier en conseille le débit sur place en basse boucherie, avec une étiquette indicative, pour ne pas priver de cet aliment le paysan pauvre ou économe, qui l'achètera en *connaissance de cause* et s'en nourrira sans aucun danger. Il admet même l'obligation de ce système et la prohibition de la circulation des chairs d'animaux atteints de coryza gangréneux. Il proteste contre l'abatage clandestin et l'envoi de ces viandes sur les marchés des villes voisines, où elles seraient vendues comme provenant de bêtes absolument saines. Chaque année, *Falconnet* (d'Ambelin) fait consommer sans crainte une dizaine de ces animaux, car la gangrène est limitée aux muqueuses nasale, buccale et pharyngienne. *Simonin* (de Maiche) a vu la maladie presque exclisivement localisée à la tête et il n'a pas hésité à laisser débiter un grand nombre de sujets à tous les degrés de la maladie, à l'exception de la tête. Guyot (de Bonnetage) a suivi l'exemple de son père en livrant à l'alimentation tous les sujets malades sans exception, une trentaine par an ; il recommande seulement l'enfouissement de la tête, ce qui n'est pas toujours exécuté. Dubarry et Griolet aîné n'admettent le débit de la viande qu'au début de la maladie. Griolet le repousse dès qu'il y a généralisation du mal ou altération septique de l'organisme : à ce moment, le sang noir et poisseux renferme de nombreux microbes de la septicémie, et il existe des infiltrations de sérosité rougeâtre dans le tissu conjonctif entourant les gros troncs vasculaires des membres. Griolet accepte, par contre, les sujets en bon état à toutes les périodes du coryza simple, car celui-ci ne comporte aucune altération gangréneuse et ce caractère ne peut être attribué aux altérations folliculaires de la pituitaire, pas plus qu'aux parcelles muqueuses mêlées au jetage mucopurulent.

Le coryza gangréneux des bovins se présente sous deux formes, a dit Baillet au Congrès vétérinaire de 1895, « l'une locale et ne portant par cela même aucune altération à la qualité de la viande, l'autre se compliquant d'ulcérations gangréneuses et entraînant forcément la saisie des sujets atteints. Aucune loi, aucun règlement ne peuvent établir de distinctions suffisantes entre elles ; c'est au vétérinaire-inspecteur seul qu'il appartient de juger de la forme plus ou moins grave de la meladie, de reconnaître les cas où la saisie doit être prononcée. » (Baillet.)

On ne saurait trop protester contre cette doctrine de l'insuffisance réglementaire à l'égard du coryza gangréneux, qui a provoqué tant de discussions entre vétérinaires au point de vue de la saisie des viandes. L'impossibilité d'un accord à ce sujet donnerait à penser que la science vétérinaire est encore bien pauvre à l'heure actuelle. Pour mettre les choses au point, ce qui ne me paraît pas difficile, il suffirait d'indiquer : 1° la saisie partielle à toutes les périodes du coryza simple et au début seulement du coryza gangréneux, alors qu'il n'y a pas encore d'infection septique générale; 2° la saisie totale pour les autres cas. La question ainsi posée me paraît incontestablement claire : si un règlement ne pouvait établir une pareille division avec une entente unanime, il ne resterait plus aux vétérinaires-inspecteurs qu'à quitter les abattoirs pour y faire place à des empiriques quelconques.

Ligne de conduite. — L'utilisation alimentaire ne peut avoir lieu qu'au début du coryza gangréneux, en l'absence d'altérations fébriles du tissu musculaire ou de septicémie gangréneuse.

8° *Rouget du porc*

Le rouget du porc est une maladie contagieuse, virulente, inoculable, spéciale à l'espèce porcine et due la pullulation d'un bacille spécifique dans le système ganglionnaire, le sang et tous les parenchymes. « Les viandes des animaux affectés peuvent être consommées si les porcs sont sacrifiés dès les premières périodes, avant que la chair ne soit « *fiévreuse.* » Toutefois, ces viandes peuvent servir à la diffusion de la maladie; leur utilisation ne doit être permise que dans la localité infectée. Les viscères seront saisis et détruits dans tous les cas (1). (Nocard et Leclainche.)

L'utilisation de la viande, en cas de rouget, a été l'objet de nombreuses discussions dans ces dernières années (voir p.   ). En 1885, Repiquet posait un point d'interrogation à ce sujet, en raison des opinions contradictoires alors en présence : La saisie totale est réclamée d'une façon absolue par Galtier, seulement en cas de gangrène par Zundel ou de viande fiévreuse par le service d'inspection de Paris ; Baillet admet la mise en consom-

(1) Generali a signalé des accidents de gastro-entérite grave, chez plusieurs personnes, à la suite de l'ingestion de viande insuffisamment cuite, provenant d'un porc atteint de mal rouge. Petri a montré, d'autre part, que le rôtissage est insuffisant pour stériliser des morceaux volumineux et que seule la coction prolongée détruit sûrement les bacilles.

mation. Repiquet a adopté le procédé parisien; toutefois, il est embarrassé quand les muscles sont congestionnés et que leurs fibres ont presque perdu leur striation, car alors les chairs sont dans des conditions favorables pour se décomposer et subir l'altération septicémique, avant qu'elles puissent être consommées. Aussi demande-t-il à ce sujet une ligne de conduite susceptible d'être adoptée par tous les inspecteurs, et propre à empêcher les hésitations et le manque d'uniformité dans les décisions, ainsi que les réclamations des intéressés en raison de ce défaut d'accord.

Ligne de conduite. — Les viscères doivent être saisis dans tous les cas. Pour le reste, on peut suivre la méthode indiquée par Villain et Bascou : 1° Saisie partielle quand le lard seul est congestionné (il suffit d'éplucher les parties atteintes); 2° saisie totale quand la viande présente les altérations des animaux crevés sans lésions du lard; 3° saisie totale quand tous les tissus sont fiévreux. Dans certains cas de saisie partielle, la salaison à l'abattoir serait avantageuse, car elle permettrait de s'assurer au bout de plusieurs jours si la viande a conservé son état normal; ce contrôle ne peut s'exercer quand la viande est livrée fraîche à la vente, sans qu'on puisse la suivre.

9° *Pneumo-entérite infectieuse du porc*

« La pneumo-entérite infectieuse (du porc) est une maladie contagieuse, virulente, inoculable, due à une bactérie ovoïde et caractérisée cliniquement par la présence de foyers d'inflammation dans le poumon et sur l'intestin ». Elle peut être suraiguë, aiguë ou chronique, selon la rapidité de son évolution. « Quand les animaux sont en bon état de graisse et qu'on les sacrifie dès le début de la maladie, on peut sans inconvénients autoriser la consommation de la viande et du lard; mais *tous* les viscères (poumons, foie, rate, estomac, intestin) doivent être saisis et détruits ». Ces porcs sont consommés impunément par dizaine de mille en Angleterre, en Hongrie. Il y a lieu d'en soumettre rapidement la chair à la cuisson ou à la salaison complète; ceux qui sont fiévreux doivent être saisis (Nocard et Leclainche).

On a rapporté plusieurs faits d'intoxication alimentaire par la viande de porcs atteints de pneumo-entérite infectieuse : Silberschmidt en a observé 7 cas, dont un mortel, en Thurgovie en 1896 ; Pouchet en a étudié 40 cas, dont un mortel, en France (bactéries ovoïdes dans la viande incriminée et les selles des personnes malades) ; Zschokke en a signalé 9 cas à Zurich (jambon consommé cru après 14 jours de salaison et 3 de fumage).

Ligne de conduite. — La saisie ne doit être totale que quand la viande est fiévreuse : En cas de saisie partielle, tous les viscères sont exclus de la consommation.

10° *Septicémie hémorragique des bovidés* (1)

La septicémie hémorragique des bovidés adultes est due à la bactéridie ovoïde. Elle n'est autre que la *broncho-pneumonie infectieuse* de Nocard et la *cornstalk disease* de Billings. Elle a été observée à la Villette, à Paris, en 1890-1891, sur un grand nombre de bœufs provenant des Etats-Unis d'Amérique.

Ligne de conduite. — Pautet rapporte que la viande des animaux précités n'offrait pas les caractères des viandes fiévreuses et qu'elle a été livrée à la consommation. Brasaferro admet qu'elle ne doit être exclue de l'alimentation qu'en cas de lésions générales très graves. D'après Nocard et Leclainche, les bovidés porteurs de lésions chroniques de cette affection peuvent être utilisés pour la boucherie sans inconvénient.

11° *Lymphangite ulcéreuse du cheval*

Due à un bacille spécifique (Nocard), cette affection est caractérisée par des abcès et des ulcères de la peau et des lymphatiques superficiels des membres, parfois du tronc et de l'encolure.

Ligne de conduite. — Saisie totale ou partielle, selon qu'il y a généralisation ou localisation.

(1) Je laisse de côté les autres septicémies hémorragiques, certaines infections coli-bacillaires ainsi que les mammites spécifiques, la dourine et autres maladies microbiennes encore incomplètement étudiées au point de vue de la viande. Les animaux atteints de ces affections présentent parfois diverses complications qui, par elles-mêmes, suffisent à entraîner la saisie totale (cachexie, pyémie, septicémie gangréneuse, viande fiévreuse, etc.).

12° *Lymphangite épizootique des solipèdes*

Caractérisée par des suppurations des lymphatiques superficiels des membres, du tronc, du cou ou de la tête, liées à la présence d'un cryptocoque, cette affection n'est différenciée que depuis peu de temps de la morve cutanée.

Ligne de conduite. — Comme pour la lymphangite ulcéreuse.

13° *Gourme des solipèdes*

Cette maladie virulente et contagieuse est due au développement du streptocoque du cheval de Schuetz dans les tissus. Elle comprend deux formes : 1° la gourme purulente (*a* gourme catarrhale, *b* suppurations gourmeuses), 2° la gourme septicémique.

Ligne de conduite. — La saisie partielle ne doit avoir lieu que quand la gourme purulente est très bénigne. Dans tous les autres cas de cette forme et dans la gourme septicémique, la saisie totale est de rigueur.

14°, 15° et 16°. — *a) Péripneumonie contagieuse ; b) Fièvre aphteuse : c) Clavelée*

Ligne de conduite. — Il suffit généralement de pratiquer une saisie partielle portant : *a*) sur le poumon péripneumonique et les parois pectorales recouvertes des fausses membranes de la péripneumonie ; *b*) sur les têtes, les mamelles et les pieds pourvus d'aphtes ; *c*) sur le tissu sous-cutané altéré par le développement des pustules claveleuses. La saisie totale peut avoir lieu en cas de complications, telles que septicémie, infection purulente, étisie, cachexie, altérations fébriles des muscles (1).

17° *Putréfaction imminente ou confirmée*

En divers pays, notamment dans le Midi, de grandes précautions sont prises en vue d'empêcher la consommation des chairs pourries. De la Porte a vu un boucher arabe qui, pendant les grandes chaleurs, jetait chaque soir aux chiens toutes les viandes

(1) La gale ovine ou caprine motive rarement une saisie totale ou partielle dans les mêmes conditions.

qu'il n'avait pu vendre dans la journée. A Palma 1877, la viande fraîche invendue le soir est mise à l'étal à part le lendemain avec une étiquette indicatrice. En Carniole et Carinthie 1839, la viande ne peut rester en vente plus de 3 jours en mai, juin, juillet, août, et plus de 4 jours dans les autres mois. A Puerto-Rico 1886, aucune viande ne doit se vendre après 16 heures d'abatage. A Pernambouc 1893, la viande cesse d'être vendable le lendemain de l'abatage à partir de 3 heures du soir, d'octobre à mars, et de 4 heures du soir, d'août à septembre. Villain recommande avec raison de saisir comme n'étant ni loyales ni marchandes les viandes congelées, devenues gluantes et malodorantes (odeur de relent et d'humidité) après un long séjour à l'air libre précédé du dégel. En Wurtemberg 1879, la viande dégelée après congélation complète doit se vendre au Freibank, car elle a une tendance à la putréfaction rapide. (Voir les caractères de la putréfaction, p.   ).

Les produits de la charcuterie sont en état de putréfaction dans les cas suivants : 1° Salaison répandant une odeur piquante et désagréable dite de *piqué*, d'*échauffé*; 2° saucisson mou dont la coupe est parsemée de cavités et offre une teinte terreuse, dont le gras jaunâtre rance exhale soit une odeur forte et piquante, soit une odeur ammoniacale infecte, rappelant d'après Repiquet celle des lieux d'aisances, et donne une saveur acre prenant à la gorge. En 1882, des experts furent appelés à se prononcer dans une ville du Midi sur des saucissons à coupe marbrée de rouge brun et de blanc, dont le lard généralement jaunâtre exhalait une odeur rance et rougissait le papier bleu de tournesol. Ils répondirent que ces produits étaient rances, peu attrayants, mais non insalubres, non corrompus et que tous les charcutiers de la localité en vendaient librement du semblable.

Ligne de conduite — Saisie totale ou partielle selon qu'il y a généralisation ou localisation de la putréfaction imminente ou confirmée des animaux abattus, des viscères, des viandes fraîches ou conservées. Saisie des saucissons rances.

Deuxième Série. — Viandes parasitaires

1° *Ladrerie*

La ladrerie du porc, du sanglier, du mouton, du chien, etc., est causée par le *cysticercus cellulosæ*, germe du *tænia solium* de l'homme. On ne connaît guère que deux cas de ladrerie ovine caractérisés par des cysticerques normaux, l'un observé par Verhahn (Olt et Bongert), l'autre par Colberg. La ladrerie bovine est produite par le *cysticercus bovis*, germe du *tænia saginata* de l'homme ; elle s'observe aussi bien chez des sujets très jeunes, des veaux de lait par exemple, que chez les adultes ou même les animaux âgés. A peu près inconnue en Europe il y a une vingtaine d'années, elle y est assez souvent signalée maintenant, surtout en Prusse, un peu moins en Italie et en France. J'ai trouvé à Troyes plus de cinquante bovins français porteurs d'exemplaires normaux et vivants du *cysticercus bovis*.

La viande est dite fortement, modérément ou faiblement ladre selon la quantité des cysticerques. On a rencontré des centaines de vésicules ladriques sur un bovin français, des milliers sur un porc ; ces chiffres peuvent s'abaisser jusqu'à l'unité en passant par tous les intermédiaires. Les animaux qui ne présentent qu'un cysticerque, même après découpage multiple, ne sont pas rares chez le porc et le bœuf, ils se nomment *uniladres*, *unigrainés*.

Le cysticerque peut être plus ou moins dégénéré, soit caséeux, athéromateux ou calcaire à des degrés divers. Cette altération débute en général par la coque renfermant le parasite ; aussi quand elle est partielle, le scolex peut avoir conservé sa vitalité et par conséquent sa nocivité. Des grains dégénérés peuvent être seuls ou se montrer avec des grains normaux. Cette forme de ladrerie n'est pas rare chez les bovins et les porcs ; on l'a observée aussi chez le mouton, soit avec l'aspect calcaire (Morot, Ambrüster), soit avec l'aspect caséeux (Verhahn, Olt, Bongert, Morot, Colberg).

La cuisson tue les cysticerques à 49° c. d'après Perroncito et à 65° c. d'après Hertwig. « Quoi qu'il en soit, on admet dans la pratique qu'elle doit être faite de telle façon, que la température de 70° c. soit atteinte au centre des morceaux les plus épais. Il faut une cuisson assez prolongée et un morcellement poussé assez loin pour arriver sûrement à ce résultat (Dr Richard). »

Les expériences de Perroncito, Carita, Capitani (épreuves par la platine chauffante), démontrent que les cysticerques isolés meurent au bout de 10, 16 et 24 heures, dans des solutions respectives de 15, 1.5 et 1 p. °/₀ de chlorure de sodium. Les épreuves analogues de Griglio indiquent que les cysticerques sont morts dans la viande, après 15 à 18 jours de salaison ordinaire. De recherches faites à l'Ecole vétérinaire de Berlin, il résulte que des cysticerques sont morts au bout de 14 jours de salaison avec une saumure à 25 p. °/₀, dans des morceaux épais de 6 centimètres et même dans des jambons préalablement injectés avec la même saumure avant la salaison précitée. A la suite de ces recherches, le 23 décembre 1896, le Comité consultatif d'hygiène de Prusse a émis un avis favorable à la consommation des chairs faiblement ladres, mises en vente en morceaux de 2 kilogr. et demi après un séjour de trois semaines dans la saumure à 25 p. °/₀.

En éprouvant par la chaleur, suivant la méthode de Perroncito, des grains de ladre conservés un certain temps dans un appareil frigorifique à une température voisine de 0° c., Ostertag et Zschokke ont constaté que les cysticerques étaient tous morts au bout de 25 jours. Des expériences d'ingestion humaine leur ont également démontré qu'aucun cysticerque ne se développait après avoir passé 21 jours dans une chambre froide. Reissmann avait obtenu des résultats analogues, mais plus rapides, en soumettant les viandes ladriques à un froid de — 5° c. à — 7° c. : mort des cysticerques au bout de 3 jours (bœuf) ou de 4 jours (porc).

Le débit de la viande faiblement ladre était toléré après salaison à Evreux 1424, à Caen 1462, à Caudebec 1485, à Rouen 1487, à Paris 1602-1667 ; les porcs par trop ladres étaient jetés à la rivière à Caen et jetés à l'eau à Paris 1667. En 1729, Delamare s'exprime ainsi au sujet des viandes *sursemées :* « Le sel, par son acrimonie et sa qualité corrosive, en corrige toute la malignité et l'on peut ensuite en user sans aucun péril ; »

ces chairs demeurent au sel pendant 40 jours pour être purifiées.

En France, les porcs ladres sont actuellement l'objet de différentes mesures : La constatation d'*un seul* cysticerque entraîne la saisie totale à Paris, Verdun, etc.; elle n'empêche pas la vente à l'état frais à Troyes. Les porcs, dont la ladrerie restreinte est caractérisée par la présence au maximum de 10 à 20 cysticerques (1), sont livrés à la vente à l'état frais à Bordeaux, après salaison à Lyon, Troyes, etc. La graisse et le lard, en cas de saisie totale de la viande, sont généralement livrés à la vente crus, salés ou fondus selon les localités ; ils sont dénaturés dans quelques villes, notamment à Rive-de-Gier, etc.

En Prusse, une ordonnance ministérielle du 18 novembre 1897 permet d'utiliser les viandes bovines faiblement ladres soit après cuisson, soit après 21 jours de salaison dans une saumure à 25 p. °/₀ de sel, ou bien encore après 21 jours de consignation dans une chambre froide, à une température de 3° à 7° Celsius au plus, le degré d'humidité de l'air ne dépassant pas 70 à p. 75 °/₀. Le Dr Richard approuve ces mesures ; il estime d'ailleurs qu'il faut stériliser même les bovidés chez lesquels on n'aurait trouvé qu'un seul grain, « car il est impossible de dépecer la viande en morceaux assez petits pour affirmer qu'il n'existe pas d'autres cysticerques dans le tissu musculaire. » Savarese est partisan de la refrigération des viandes bovines faiblement ladres, tout en admettant la vente libre pour les animaux n'ayant présenté des cysticerques vivants que dans le tissu musculaire de la tête et du cœur.

Ligne de conduite. — Les bovins, porcs, moutons et autres animaux ladres, doivent être l'objet des mesures suivantes :

1° En cas de cysticercose étendue ou abondante, saisie totale de la

(1) Avec Leclerc, Guinard, j'estime que ces chiffres constituent des points de repère et non une indication absolument mathématique : deux porcs ladres de même volume subissent la salaison, qu'ils aient l'un 20 grains et l'autre 25 grains. La détermination du nombre de cysticerques, basée sur le poids de la chair, serait préférable à l'énumération invariable pour chaque animal. La tolérance en vue de la salaison pourrait par exemple être limitée à un cysticerque par trois kilogs de maigre, avec une certaine latitude sur l'ensemble du poids du sujet.

viande et des viscères ; utilisation alimentaire de la graisse et du lard préalablement fondus ;

2° En cas de ladrerie restreinte caractérisée par la présence de un ou de quelques cysticerques intramusculaires, au maximum un par trois kilogs de viande désossée et dégraissée, ce chiffre étant donné comme point de repère et non comme base mathématique, utilisation alimentaire des viscères, de la viande et de la graisse vendus dans un lieu à part, avec déclaration aux acheteurs, soit après cuisson suffisante pour porter la température à 70° c. au centre des morceaux, soit après 21 jours de salaison en morceaux au plus de 1 kilog pour le porc et de 2 kilogs pour le bœuf dans une saumure à 25 p. °/₀ de sel, soit après 21 jours de réfrigération à + 2° c. ;

3° Ces dispositions sont applicables également en cas de ladrerie dégénérée. Toutefois, si un animal ne présente après découpage des quartiers, par 20 kilogs de tissu musculaire désossé et dégraissé, qu'un grain *nettement et intégralement calcifié*, indiquant l'ancienneté de l'infection et l'absence probable de cysticerques vivants dans le reste de la viande, la vente pour la consommation pourra avoir lieu à l'état frais.

2° *Cœnurose*

Les cœnures sont ordinairement localisés dans l'encéphale des ruminants domestiques ou dans les muscles du lapin. Ils peuvent se généraliser dans le cerveau et le tissu musculaire : Morot a vu un exemple de ce genre chez un agneau, où les cœnures étaient représentés par de petites vésicules stériles, séreuses ou dégénérées, simulant la ladrerie.

Ligne de conduite. — Saisie partielle, quand les parasites sont localisés et faciles à enlever. Saisie totale, lorsqu'ils sont disséminés en grand nombre dans la viande. S'il s'agit d'une cœnurose pseudo-ladrique, il y a lieu d'agir comme en cas de cysticercose musculaire ou ladrerie.

3° *Psorospermose musculaire*

Il s'agit d'une affection due à la présence de diverses sarcosporidies dans les muscles : sarcocyste de Miescher (porc), sarcocyste délicat (mouton), balbianie géante (mouton, chèvre). Ces parasites ne rendent point la viande nuisible par eux-mêmes ; ils passent généralement inaperçus à cause de leur ténuité. Les balbianies se montrent parfois assez grosses à l'œsophage, mais elles sont habituellement peu volumineuses et relativement rares dans les muscles du squelette.

Ligne de conduite. — Les sarcosporidies n'entraînent pas ordinairement la saisie, sauf pour l'œsophage, à moins d'être énormes et très nombreuses dans la viande, ce que je n'ai jamais constaté. Toutefois la saisie pourrait être totale ou partielle, si la présence des parasites avait provoqué une myosite générale ou locale.

Troisième Série. — Viandes altérées répugnantes

1° *Tumeurs ou néoplasies*

Les tumeurs sont des masses de tissu de nouvelle formation, développées sous l'influence de processus non encore bien déterminés. Il n'est pas prouvé qu'elles soient dues à des microbes, à des parasites intra-cellulaires, ni qu'elles soient transmissibles d'un animal à un autre comme d'aucuns l'ont prétendu (1). Elles peuvent subir la dégénérescence granulo-graisseuse, colloïde ou calcaire et l'infiltration pigmentaire (mélanisation). Elles sont soit localisées ou bénignes, soit généralisées ou malignes. Parmi les formes susceptibles de présenter un caractère envahissant chez les animaux, il faut citer le sarcome, le carcinome, l'épithéliome, le lymphadénome, etc. Certaines d'entre elles peuvent se généraliser non seulement dans les différents viscères, mais encore dans les muscles, les ganglions lymphatiques, les os, etc. Cette généralisation s'observe aussi bien sur des animaux gras ayant une chair de belle apparence que sur des bêtes maigres. J'ai vu assez souvent, notamment chez le cheval, un nombre plus ou moins considérable de noyaux carcinomateux disséminés dans l'épaisseur même des divers muscles, de telle sorte que la chair avait l'apparence d'une viande piquée de lard dans un but culinaire.

La plupart des ouvrages français, relatifs à l'inspection des viandes, ont un peu négligé cette importante question des néoplasies. Baillet s'en est seul occupé d'une manière suffisante pour l'époque de sa 2e édition. En 1880, il décrit diverses

(1) Bard croit à la nature parasitaire de la mélanose. Avec Leclerc, il a étudié de nombreux cas de cancer observés sur les chevaux saisis à l'abattoir hippophagique de Lyon.

tumeurs qu'il nomme cancers d'une façon générale et formule les appréciations suivantes : Une néoplasie siégeant sur un seul organe, sans irradiation ganglionnaire, ne fait pas perdre l'embonpoint de l'animal et ne motive qu'une saisie partielle. L'infection cancéreuse, traduite par des lésions des ganglions de diverses régions, amaigrit tellement les sujets qu'ils doivent être exclus en totalité de la consommation.

Au Congrès vétérinaire de 1889, Baillet se montre plus sévère en ce qui concerne « les mélanoses (du cheval) qui existent un peu partout ou bien sont localisées dans quelques points du corps, notamment dans les muscles de la base du cou correspondant à la face interne de l'épaule et dans ceux de la poitrine, ainsi que dans le groupe des ganglions brachiaux ou préscapulaires » (1). Il s'exprime ainsi : « Que la mélanose soit généralisée ou qu'elle paraisse localisée en un point du corps, nous n'hésitons pas à saisir le cheval blanc qui en est atteint. » Déjà, en 1880, dans son Traité d'inspection, Baillet « n'acceptait l'abatage d'un cheval blanc que sous la réserve expresse de le refuser après l'abatage, au cas où il rencontrerait des tumeurs mélaniques dans les régions sous-scapulaire, pelvi-crurale ou dans tout autre point du corps occupé par des ganglions lymphatiques ». Van Hertsen a fait à ce sujet la déclaration suivante au Congrès de 1889 : Un dépôt de matière mélanique n'entraîne pas le rejet du cadavre du cheval ; la mélanose ne motive la saisie totale que quand elle est étendue, à lésions diffuses ou multiples. En 1888, Bourrier admet la saisie totale ou partielle, selon que la mélanose est généralisée ou localisée.

On observe assez fréquemment la généralisation du sarcome et du carcinome mélaniques, dans un ou plusieurs viscères (cœur, poumon, foie, rate) et dans les tissus musculaire, intermusculaire ou osseux. Il ne faut point confondre, avec ces tumeurs secondaires, les mélanoses primitives développées à la fois en quelques points différents des muscles ou de leur voisinage, par exemple sous l'épaule, près du cou, au niveau du

(1) Les tumeurs mélaniques s'observent surtout chez le cheval. Il n'en a été constaté que quelques cas localisés chez les bovins (Morot, Brusaferro, Canal, Pertus, Metz, Cadéac, etc.).

bassin et des lombes, et qui ne sont à proprement parler que des localisations multiples.

Il importe de signaler ici les faux névromes ou pseudo-névromes observés par G. Colin, Morot, etc., dans les nerfs de la partie antérieure du corps de certaines vaches âgées (plexus brachial, nerfs intercostaux, nerfs cardiaques, etc.), et étudiés histologiquement par Ostertag, Cadéac, L. Blanc qui les considèrent selon les cas comme des fibromes, des lipomes ou des myxomes. Sur un même animal, j'en ai vu depuis quelques unités jusqu'à plusieurs centaines. Sur une vache grasse saisie partiellement, j'en ai trouvé 1,313 dont le volume variait depuis celui d'un grain de millet jusqu'à celui d'une noix. D'après Ostertag, les faux névromes n'ont aucune influence nuisible sur la viande, et il suffit de les enlever avec les nerfs qui les supportent.

Ligne de conduite. — La saisie totale est de rigueur, quand il s'agit de tumeurs malignes envahissantes, qu'elles aient ou non subi la dégénérescence pigmentaire (mélanisation), notamment en cas de carcinomes, de sarcomes, d'épithéliomes, de lymphadénomes généralisés, même dans les viscères seulement. En raison de la tendance de ces néoplasies à se répandre dans les muscles, on ne saurait être trop sévère à l'égard d'une généralisation cancéreuse manifeste des viscères, car cet état pathologique peut coïncider avec une généralisation musculaire non apparente.

La saisie partielle est admissible en cas de tumeurs limitées à un organe, ou de certaines néoplasies bénignes répandues en plusieurs points (viandes contenant des faux névromes), soit en cas de localisations mélaniques multiples, mais peu étendues et ayant un caractère de bénignité (mélanoses siégeant à la fois en petite quantité et sous un petit volume dans les épaules, au voisinage du cou et à l'entrée du bassin, par exemple).

2° *Dégénérescence pigmentaire ou infiltration mélanique*

La mélanose ou matière pigmentaire de la choroïde, élaborée par les cellules, peut envahir, dans certaines conditions anormales indéterminées, non seulement des néoplasies, mais aussi des tissus ou organes normaux tels que séreuses, muqueuses, aponévroses, os, muscles, graisse, poumon, foie (foie de certains moutons russes), cerveau, ganglions. L'infiltration mélanique se montre surtout sur le cheval, les bovins (les veaux de préférence) et la poule ; elle est plus rare chez les ovins et les porcs. Elle n'est point une cause d'insalubrité pour la viande, mais elle la déprécie et la rend moins marchande.

Ligne de conduite. — Il suffit de saisir les parties altérées en cas d'infiltration mélanique localisée. Si cette lésion est plus étendue, il y a lieu d'user d'une grande réserve à l'égard des animaux gras et bien portants : on se contente alors d'un large épluchage, à moins qu'il ne s'agisse de petits animaux, de poules par exemple dont le petit volume rend cette opération impraticable en certains cas. La saisie totale s'impose, quand la généralisation est absolue et ne permet pas de faire un épluchage convenable.

3° *Dégénérescence vitreuse ou cireuse des muscles*

Au premier stade, la fibre musculaire est grossie, sans striation, remplie de granulations, pâle et décolorée ; au second stade, le muscle se montre gris rougeâtre ou jaunâtre, gonflé, à coupe sèche, anémiée (Cadéac). Cette altération a été constatée à l'état partiel chez le bœuf, par Brusaferro, d'après lequel elle donne à la viande l'apparence de la *chair de poulet* ou de *poisson* (1). Repiquet a signalé une lésion musculaire analogue, généralisée chez deux veaux de deux mois et demi, saisis totalement pour ce fait, et localisée aux muscles de la cuisse chez trois autres veaux, *blancs* (de viande) comme les deux premiers ; la chair était marbrée de taches jaunâtres sur le fond rose très pâle du tissu périphérique voisin, ressemblait à du vieux bois pourri par place, et avait un aspect répugnant, rendant la viande non marchande.

Il importe de ne pas comparer la dégénérescence vitreuse à l'extrême blancheur ou à la décoloration de la viande des bovins adultes même très engraissés, attribuée à l'anémie par Van Hertsen et Baillet, à la leucocythémie par Villain et

(1) Brusaferro et Poli ont constaté l'aspect de la *chair de poisson* (dégénérescence vitreuse), dans les muscles olécrâniens et cruraux internes de porcs échaudés avant d'être tout à fait morts. Cette altération était probablement due à une coagulation rapide et irrégulière de la myosine, sous l'influence de violentes contractions provoquées par la température élevée de l'eau.

Bascou. Cette *viande blanche*, sèche et sans goût, n'est pas saisissable d'après ces auteurs. Toutefois, Cartier reconnaît qu'elle est dépréciée à cause de son aspect peu flatteur, et que les ménagères s'en éloignent avec répugnance.

Ligne de conduite. — La dégénérescence vitreuse des muscles entraîne la saisie totale ou partielle, selon qu'elle est généralisée ou localisée.

4° *Dégénérescence graisseuse des muscles*

Cette altération est fréquente sur les animaux de boucherie. Au début, elle se manifeste sous l'apparence de points blancs graisseux. « Souvent plusieurs muscles et même tout un membre sont frappés de dégénérescence ; alors la teinte blanche est uniforme et la viande ainsi transformée se coupe comme de la graisse. » Les fibres musculaires renferment des gouttelettes de graisse, qui les compriment de tous côtés et leur font perdre leur striation. Cette dégénérescence n'est pas rare chez les veaux, où elle a été dénommée par les bouchers « *blanc de cire* », à cause de la grande blancheur du tissu musculaire (Villain et Bascou).

J'ai observé la stéatose musculaire localisée chez le veau, les bovins adultes et le mouton. Je l'ai surtout constatée chez le cheval, tantôt localisée, tantôt plus ou moins étendue, même presque généralisée, notamment dans les muscles de la cuisse, de la croupe, des lombes, du dos, de la poitrine, etc. Au début de cette altération, la chair chevaline paraît plus ou moins *persillée*, tendre, onctueuse comme une viande pénétrée de tissu adipeux ; elle n'a plus le goût particulier à l'espèce animale dont elle provient, elle a presque pris celui du porc et elle est même agréable à manger. A un degré avancé ou étendu, grâce à une disparition assez complète des fibres musculaires, la chair est plus ou moins *tournée en graisse* et elle ne forme plus, en certaines régions, qu'un bloc graisseux qu'il est impossible de vendre pour de la viande. La stéatose musculaire du cheval est souvent associée à une dégénérescence fibreuse et la viande est alors sclérosée, plus ou moins dure et absolument immangeable.

Ligne de conduite. — Lorsque la viande n'est que légèrement graisseuse, elle peut être consommée sans inconvénient. Quand elle est très envahie par la graisse ou qu'elle a subi la dégénérescence fibro-graisseuse, elle doit être retirée de la consommation ; alors la saisie est totale ou partielle selon que l'altération est généralisée ou localisée.

5° *Concrétions calcaires des muscles*

Ces alérations peuvent être dues à divers parasites dégénérés, tels quetcysticerques, sarcosporidies, etc., sans qu'on puisse en déterminer exactement l'origine. A Berlin, en vertu d'une ordonnance de police du 14 janvier 1892, les viandes contenant des concrétions calcaires sont débitées après cuisson surveillée ; il en est de même des chairs des porcs atteints d'ecchymoses multiples, d'éruption urticaire, d'utricules de Miescher.

Ligne de conduite. — Saisie partielle ou totale, selon que les concrétions calcaires sont rares ou nombreuses. Il faut agir comme pour la ladrerie, s'il existe des doutes sur l'existence de cette affection.

6° *Ecchymoses multiples des muscles*

Ostertag signale ces altérations dans le diaphragme, les muscles lombaires et ceux des membres des porcs gras qui ont subi un long transport. Je les ai observées souvent dans les muscles de l'encolure, du dos et des lombes des chevaux bien portants, sans en découvrir l'origine ; je les ai même vues généralisées dans tout le tissu musculaire de ces animaux. En 1892, j'ai saisi un porc gras pour cause d'ecchymoses multiples des tissus adipeux, musculaire et cutané, coïncidant avec une hémorragie des bassinets rénaux, avec une teinte blanche éclatante des parties graisseuses non ecchymosées. Les lésions cutanées rappelaient l'urticaire, que certains considèrent comme une forme du rouget *(rouget blanc).*

Ligne de conduite. — Saisie partielle ou totale, selon que les ecchymoses multiples sont limitées à une ou quelques régions, soit absolument généralisées.

TROISIÈME CLASSE. — Saisies partielles absolues (1)

Première série. — Lésions locales intéressant divers tissus ou organes

(Peau, tissu conjonctif, muscles, os, articulations, ganglions, vaisseaux, séreuses, muqueuses, viscères, etc.).

A Moreau s'exprime ainsi à ce sujet : « Les lésions localisées des muscles, os, articulations, ganglions, etc., nécessitent ordinairement l'élimination large des parties altérées. Presque toutes les lésions viscérales, même limitées, déterminent la saisie de l'organe entier. Les lésions localisées des séreuses pariétales, thoraciques et abdominales justifient le plus souvent l'enlèvement de la partie sous-jacente de la paroi. Les lésions tuberculeuses limitées nécessitent toujours un épluchage *larga manu*, s'étendant aux régions circonvoisines et aux ganglions lymphatiques qui reçoivent la lymphe des points envahis. »

1° *Traumatismes divers*

(Contusions, plaies, luxations, fractures, etc.).

2° *Lésions inflammatoires ou consécutives à l'inflammation*

(Exsudats inflammatoires, néoformations inflammatoires, suppuration, hypertrophie, gangrène locale, etc.).

3° *Tumeurs simples*

(Fibromes, kystes, etc.).

4° *Dégénérescences diverses*

(Sclérose, atrophie, crapaud, eaux aux jambes (1), épanchements séreux, œdèmes, etc.).

(1) J'ai évité, dans la mesure du possible, de répéter ici les saisies partielles figurant à la 2e classe.

(1) J'admets l'exclusion de l'abatage pour les chevaux, chez lesquels les eaux aux jambes et le crapaud invétérés offrent un aspect absolument répugnant et répandent une odeur dégoûtante.

Sclérodermie. — Chez les verrats et les truies, vers l'âge de trois ou quatre ans, la peau acquiert ordinairement une épaisseur extrême ; le lard devient alors dur, comme fibreux, plus consistant que la corne, résistant à la cuisson, immangeable, notamment au niveau des épaules, du dos, des reins et des fesses. Cette altération est appelée *cuirasse* dans le midi (Baillet) et *routé* à Paris (Villain et Bascou).

5° *Lésions parasitaires diverses*

Les parties ou organes, renfermant des parasites même non transmissibles à l'homme, doivent être saisis (distomes, cysticerques ténuicolles, échinocoques, strongles, coccidies, etc.).

Echinococcose. — Très communs dans les différents viscères, les échinocoques se rencontrent aussi parfois mais localisés, dans les os, les ganglions et les muscles de nos différents animaux domestiques.

Deuxième série. — Altérations de la viande ou des organes postérieures à la mort des animaux

(Dessication, relent, œufs et larves d'insectes, moisissures ; souillures par des matières provenant des réservoirs digestifs ou par des substances malpropres quelconques).

La viande fraîche se noircit et se dessèche au soleil ; elle devient molle, visqueuse et sent le *relent* sous l'influence de l'humidité ; dans les caves, elle se couvre de taches de moisissures ; par les fortes chaleurs, des œufs de mouches y sont déposés et donnent naissance à des larves dont l'ingestion provoque des troubles digestifs *(myasis)*. La chair peut être souillée, pendant l'habillage, par des matières excrémentitielles ou autres substances malpropres. L'épluchage large doit être pratiqué dans tous ces cas comme pour les lésions locales. Le poumon de bœuf devient plus ou moins impropre à la vente, quand au moment de l'abatage les aliments, refoulés du rumen, passent de l'œsophage dans la trachée et de là dans les bronches. Des moisissures se remarquent assez souvent à la surface des jambons fumés ou sur l'enveloppe des saucissons ; pour débarrasser les parties atteintes de ces altérations superficielles, il suffit de les essuyer avec un linge.

ANNEXE

I. — Falsifications alimentaires diverses nécessitant la saisie

1° *Saucissons additionnés d'eau et de farine, etc.* — D'après Ostertag, la viande d'un porc gras et bien nourri peut absorber jusqu'à 70 °/₀ de son poids d'eau immédiatement après l'abatage. Cette faculté d'absorption est augmentée considérablement par l'addition de farine ou de fécule ; il suffit d'ajouter 2 p. °/₀ de ces produits à la chair pour obtenir, dans les saucissons, une forte incorporation d'eau destinée à être vendue comme de la viande. Une pareille fraude a en outre l'inconvénient de faciliter la décomposition de cette charcuterie, en la rendant très fermentescible. On ajoute encore à la chair à saucisson de l'amidon, de la crème de riz, de la mie de pain (Martel). A Lausanne, 1892 (art. 45), il est interdit d'introduire de la farine dans les saucissons, saucisses et autres produits analogues. Dans le canton de Schwitz 1893 (art. 19), aucun saucisson ne doit être additionné de farine de froment, de fécule de pommes de terre ou d'autres substances analogues. D'après L. Garnier (1898), des charcutiers de Paris, auxquels il avait été saisi des saucissons contenant trop de farine, ont introduit une demande en dommages-intérêts contre le Service d'inspection et ont obtenu gain de cause auprès du tribunal, qui a ainsi jugé que l'addition de farine à du cheval, à du cochon, n'était pas une pratique malhonnête et coupable. Lorsque la chair à saucisson est additionnée de 10, 20 et même 20 p. °/₀ de féculents, dit Martel, il est bien évident qu'il y a falsification et que l'art. 423 du Code pénal de la loi du 27 mars 1851 sont applicables. En 1899, l'Assemblée générale du Syndicat de la charcuterie de Paris a protesté contre la vente des mélanges de cheval, de fécule et d'eau.

2° *Saucissons de peau.* — Dans certains pays d'Allemagne, on fait des saucissons de cretons, des fromages de couenne, avec la peau échaudée des jeunes taureaux. D'après Ostertag, l'emploi de cette peau est une falsification, quand il est contraire à la coutume locale et a lieu à l'insu des acheteurs ; il faudrait, en outre, se servir de peaux inspectées et traitées proprement comme la viande. On fait aussi des saucissons avec des couennes des verrats, des lards sclérodermiques.

3° *Addition de produits chimiques* (1). — Les saucissons sont falsifiés par l'incorporation de substances antiseptiques, de sels conservateurs en excès, de matières colorantes (2). On y met notamment du biborate de soude, des sulfites et des bisulfites alcalins ou alcalino-ferreux, du formol, un excès de sel marin donnant une odeur très manifeste de chlore, de la colle de pâte fuschinée, de débris de viande teintés par la cochenille ammoniacale (Martel).

4° Addition frauduleuse de viande de cheval, de chat ou de chien, de la partie charnue de l'œsophage du bœuf.

5° Fabrication de charcuterie avec des viandes « *passées* », altérées ou plus ou moins avariées, de viandes malades.

Ligne de conduite. — Toutes ces fraudes doivent entraîner la saisie.

II. — Remarques sur diverses pratiques relatives aux viandes et a l'inspection

1° *Substitution frauduleuse d'une espèce à une autre.* — Il doit être interdit de vendre du chat pour du lapin, du chien pour du mouton. Il faut maintenir, exclusivement dans les boucheries hippophagiques, la vente de la viande des solipèdes et des

(1) Certains tripiers blanchissent le gras-double en le faisant tremper dans une solution de sulfate d'alumine, qui a l'inconvénient de lui communiquer une propriété astringente et de nuire à sa digestibilité. Baillet réprouve avec raison cette pratique ; il admet celle consistant à faire tremper les foies dans l'eau du soir au lendemain en vue de leur conservation.

(2) Certains commerçants utilisent frauduleusement le sang frais, pour *maquiller* les abats défraîchis (Villain 1887) et pour rougir les flancs pâles des moutons cachectiques.

produits qui en dérivent. Les municipalités doivent conserver le droit de se conformer à des usages ou à des goûts locaux, en faisant appliquer une estampille spéciale ou une plaque indicatrice en cas de vente de viande de taureau, bélier, vieux bouc châtré (1), chèvre, verrat, truie, etc.

2° *Soufflage.* — Cette opération a pour but de donner plus d'apparence à la viande. Elle consiste à introduire de l'air soit dans le tissu conjonctif sous-cutané et intermusculaire (soufflage proprement dit), soit dans l'épaisseur même des muscles (soufflage dit *la musique*). Elle est défavorable à la conservation de la viande. Le soufflage ordinaire (sous-cutané) des bœufs, taureaux et vaches est interdit à Lille 1881, Roubaix 1883 et 1891, Melun 1884, Montpellier 1885. Le soufflage dit *la musique* est prohibé à Paris 1879, et à Rive-de-Gier 1891. Dans plusieurs villes de France et de l'étranger, il est défendu de *souffler* les animaux avec la bouche.

Ligne de conduite. — Le soufflage, même sous-cutané, doit être interdit. Il est déjà tombé en désuétude, dans divers pays, non seulement pour le gros bétail et les moutons, mais encore pour les veaux.

3° *Viandes congelées.* — En 1852, Soumille recommandait de saisir la viande gelée, pour les motifs suivants : elle ne cesse de rendre de l'eau à la cuisson, elle cuit difficilement, elle est indigeste et sans goût. Baillet considère cette opinion comme une exagération, tout en admettant que la chair gelée puisse être sans goût. Quoi qu'il en soit, cette viande est considérée généralement comme inférieure à celle qui est fraîche ; dans certaines localités, notamment à Nantes et au Havre, la vente n'en est tolérée qu'avec une estampille spéciale permettant à l'acheteur de s'assurer de la nature de la marchandise vendue. En 1896, M. Viger, Ministre de l'Agriculture se déclarait opposé à la vente libre de la viande exotique congelée, et se disait décidé à faire ajouter « *cet abus* » à la nomenclature des fraudes visées par une loi à l'étude au Sénat. On doit reconnaître toutefois que la viande congelée, vendue dans de bonnes conditions et

(1) [illegible] bouc non châtré,

avec étiquette spéciale, est appelée à rendre des services appréciables aux consommateurs.

Il ne faut pas confondre la congélation avec la réfrigération à une température un peu supérieure à 0° c., obtenue par des appareils frigorifiques dans les abattoirs ou par des glacières dans les étaux. Cette réfrigération permet d'avoir toujours de la viande fraîche pendant les chaleurs de l'été. Il est regrettable qu'elle soit si peu employée en France, contrairement à l'usage établi dans un grand nombre de pays étrangers. A Casal-Montferrat 1888 (art. 10), du 1er mars au 30 septembre, les animaux abattus ne peuvent être mis en vente qu'après être restés au moins 24 heures dans leur peau et autant de temps dans la glacière.

4° *Stérilisation de certaines viandes d'animaux malades*

Préconisée par Mandereau pour stériliser les chairs d'animaux tuberculeux, la salaison a été employée à cet effet à Besançon, Gênes, Amsterdam, Lille, Troyes, La Chaux-de-Fonds, Lausanne, etc. Elle a été reconnue stérilisatrice non par elle-même, mais par la cuisson qu'elle impose ultérieurement.

La stérilisation des viandes par la chaleur, dans certains cas de tuberculose, est autorisée en Belgique depuis 1895 (température de 110° c. pendant 3 heures) et en France depuis 1896 (température de l'eau bouillante ou de la vapeur sous pression pendant une heure au moins.)

Des appareils spéciaux, mentionnés dans le rapport du Dr Moreau, servent à cette opération en un grand nombre de villes d'Allemagne et de Belgique. Depuis peu de temps on utilise à cet effet, avec succès, l'appareil Wodon de Namur à l'abattoir de Roubaix et l'appareil Rohrbeck de Berlin à l'abattoir de Milan.

A Troyes, depuis plusieurs années, je pratique la stérilisation avec une simple marmite d'une capacité de 200 litres, faute d'instrument spécial. En 1899, sur 308 bovins reconnus tuberculeux à l'abattoir de cette ville (1) il y a eu 52 saisies totales

(1) En 1899, il a été sacrifié à l'abattoir de Troyes 3,995 vaches, 285 bœufs, 235 taureaux et 9,218 veaux.

(46 vaches et 6 veaux) et 256 saisies partielles (1 bœuf, 19 taureaux, 226 vaches et 10 veaux). Parmi les 256 sujets saisis partiellement, 10 vaches et 4 veaux ont été cuits à l'abattoir, et 3 vaches ont été salées en vue d'une cuisson complète ultérieure. La plupart de ces animaux stérilisés ont été utilisés à l'asile des petites sœurs des pauvres. Une seule critique s'est élevée à ce sujet dans la presse troyenne; elle ne s'est pas renouvelée faute d'arguments plausibles à opposer à mes explications.

La stérilisation des chairs assainissables d'animaux tuberculeux a été approuvée au Congrès vétérinaire de Paris 1889, aux divers Congrès français contre la tuberculose, aux Congrès vétérinaires internationaux de Berne (1895) et de Baden-Baden (1899), au Congrès vétérinaire de Turin 1898, à la Société des Sciences vétérinaires de Lyon 1899, etc. Le Congrès de 1900 entrera sans hésitation dans cette voie, je l'espère. S'il rejette le débit de ces viandes assainies, il n'aura qu'à choisir entre la vente à l'état cru aux boucheries ordinaires, dans les conditions habituelles, ou l'envoi à l'équarrissage. Il ne lui restera pas d'autre alternative car, parmi les adversaires de la stérilisation, la majorité désire qu'on saisisse le moins possible et la minorité veut qu'on confisque tout. La cuisson est combattue par les premiers comme préjudiciable aux éleveurs, et par les seconds comme nuisible aux consommateurs.

On voit ainsi l'antistérilisateur Jeannot, partisan de la saisie totale, s'appuyer sur l'opinion antistérilisatrice d'un grand agriculteur qui veut faire bâtonner par les éleveurs et lapider, par les gueux, les préconisateurs de la stérilisation. Cet allié de l'auteur des « *petits billets* » préfère assurément, comme maints éleveurs, que ses animaux tuberculeux soient débités normalement au lieu d'être cuits ou saisis, à condition qu'ils ne servent pas à approvisionner sa table. Il importerait de connaître le nombre des *bons* agriculteurs disposés à employer les moyens de *douceur*, recommandés par l'alliance antistérilisatrice, pour convertir les pratiquants de la stérilisation à des idées plus protectrices des intérêts agricoles. La plupart des bouchers conspuent aussi la stérilisation, sans doute parce qu'ils y prévoient une concurrence susceptible de s'accroître dans l'avenir ; mais ils ne parlent pas encore de se servir de gourdins et de pavés en guise d'arguments. Qui sait si une telle coalition n'obligera pas les municipalités à faire mettre leurs abattoirs en état de siège, afin de préserver leurs inspecteurs de quelques volées de nerfs de bœuf !

Au lieu de répondre à ces clameurs intéressées par une tolérance excessive en inspection, conseillons aux cultivateurs de combattre méthodiquement la tuberculose dans leurs étables, invitons le gouvernement à venir en aide aux éleveurs d'une façon logique, réclamons l'organisation réelle des services sanitaires vétérinaires, demandons que la tuberculinisation devienne exclusivement une opération sanitaire et cesse ainsi d'être trop souvent un engin de fraude, un moyen d'éviter l'abattoir inspecté ou de tromper de confiants acheteurs.

Il suffit de répondre à ceux qui considèrent comme dangereuses les chairs stérilisées d'animaux tuberculeux, que les expériences de Fiore, Eber et Galtier en garantissent l'innocuité. Quant à ceux qui prétendent que ces viandes simplement répugnantes seront dédaignées du public, ils ne peuvent être sûrs de soutenir la vérité qu'après avoir vu fonctionner les stérilisateurs. Si ces marchandises sont laissées pour compte aux vendeurs, l'affaire sera tranchée et il ne restera plus qu'à les envoyer au clos d'équarrissage. Cette dernière solution donnera certainement satisfaction à M. H. Charles qui appelle *viandes abominables* de tels aliments, qui qualifie la stérilisation de *pratique déloyale et nuisible* à la santé, qui demande que le boucher agisse toujours loyalement et sans subterfuge en ne débitant que des denrées normales. Plaira-t-elle par contre à M. Baillet qui repousse la cuisson après l'avoir jadis approuvée, qui trouve *exceptionnellement nuisible* la chair des animaux tuberculeux et désire qu'on en saisisse le moins possible ! C'est ce que nous apprendrons peut-être quand cette question viendra en discussion au Congrès.

Je suis partisan de la cuisson non seulement pour certaines bêtes grasses tuberculeuses (p.) et les animaux faiblement ladres, mais encore pour les porcs atteints de rouget à un degré n'entraînant pas la saisie totale, comme à Strasbourg, à Lucerne, etc. Cette dernière ville a aussi recours à la salaison, opération permettant au bout de plusieurs jours de contrôler l'aspect d'une viande qui se conserverait peu de temps à l'état frais. C'est pour la même raison, que Nocard et Leclainche recommandent d'appliquer rapidement la salaison complète ou la cuisson aux porcs, affectés de pneumo-entérite infectieuse à une période ne motivant pas la saisie totale. D'après Basenau, aucune viande d'animal malade ne devrait être débitée qu'après stérilisation à la température de l'eau bouillante, à condition que des souris qui en auraient ingéré à ce degré de cuisson ne soient pas mortes au bout de trois jours.

5° *Étaux de basses Boucherie*

Dans une brillante critique soulignée par des bravos presque unanimes au Congrès de 1897, Leclerc a combattu vigoureusement l'étal de basse boucherie, d'origine allemande, et la stérilisation de certaines viandes anormales ou suspectes dont j'avais préconisé l'emploi. Decroix et Lignières n'ont pas cédé à l'éloquence entraînante de mon contradicteur ; il sont restés comme moi partisans du *Freibank*, admis de longue date par H. Bouley et Nocard et plus récemment par G. Barrier.

En septembre 1899, à la réunion de Dijon, le grand Conseil des vétérinaires a condamné la stérilisation et l'étal précités à l'unanimité moins une voix, la mienne. Baillet, H. Charles et Pion n'ont pas ménagé leurs attaques contre ces innovations ; comme Leclerc, ils paraissent avoir eu gain de cause auprès de la majorité de nos confrères.

Il ne faut pas s'illusionner outre mesure sur ce résultat dû surtout au mérite des orateurs et des écrivains, qui ont su persuader par de belles tirades des auditeurs et des lecteurs disposés d'avance à se laisser convaincre. Le succès a suivi, fatalement comme toujours, ceux qui au nom de l'égalité ont combattu des mesures sans rapport avec ce mot magique d'égalité, placé plus souvent sur les lèvres que dans le cœur. De pareils arguments auraient eu leur raison d'être chez les Spartiates, nivelés même par l'alimentation; ils pêchent par la base chez nous où mes contradicteurs délaissent les gargotes économiques, qui fournissent aux *petites bourses* des viandes non encore assez fiévreuses ou surmenées pour être saisies, des chairs d'origine douteuse ou d'animaux sur la limite. Villain ne nous a-t-il pas dit que les taureaux les moins tarés des *corridas* parisiennes « sont vendus à vil prix pour les restaurants populaires et les petits marchés » de la capitale (1). Moulé ne nous a-t-il pas appris qu'à Paris « les viandes légèrement hydroémiques sont exceptionnellement retirées de la consommation, et servent à alimenter les marchés forains des quartiers excentriques qui constituent pour ainsi dire nos *Freibank.* » (2) (*Soc. Centrale de Médecine vétérinaire 1893, p. 340).*

En somme, pour ceux de nos confrères qui raisonnent *a priori*, les basses boucheries sont antifrançaises autant qu'antidémocratiques et n'auraient aucun succès chez nous. Avant d'exprimer semblable opinion, il eut été prudent de tenter l'expérience. Des essais négatifs auraient rendu obligatoire la saisie des viandes de basse boucherie, ce qui aurait moins contrit les partisans du *Freibank* que certains de ses adversaires, qui ont un faible pour la vente libre des viandes défectueuses.

Une simple comparaison de nos usages et règlements alimentaires, avec ceux de l'étranger mentionnés dans mon rapport de 1897, va nous indiquer si réellement nous possédons le monopole combiné des opinions démocratiques et du goût des viandes de choix.

Cas motivant le débit en basse boucherie ou *Freibank* dans divers pays étrangers :

(1) Malgré cette tolérance pour les viandes fatiguées, Villain repousse en 1884 dans les termes suivants les étaux de basse boucherie : « Croit-on qu'il soit possible, comme en Allemagne, de créer des boucheries particulières où les viandes maigres, étiques, hydroémiques, seraient vendues avec une étiquette spéciale ou à un moindre prix ? Dans un pays comme le nôtre, il est impossible de dire à l'ouvrier, à l'indigent de s'approvisionner de ces viandes infimes qui ne possèdent plus aucun principe nutritif et que personne d'entre nous ne voudrait voir figurer sur sa table. D'ailleurs nous ne saisissons, en fait de viande maigre, que les moutons cachectiques, complètement mouillés, et les animaux qui n'ont plus qu'une gelée jaunâtre à la place de graisse et qui ont la moelle des os liquide. »

(2) « Il serait à désirer que la vente de la viande à la *Freibank* fût admise en France, dans les grandes villes surtout, à l'égard de quelques animaux maigres ou malades, qui n'étant pas insalubres, ne peuvent être retirés de la consommation. De cette façon, on éviterait bien des tromperies et on permettrait ainsi aux pauvres gens d'acheter à bon compte une viande peu nutritive, il est vrai, mais dont la salubrité leur serait garantie sous le couvert de l'autorité. » (MOULÉ. *Archives vétérinaires d'Alfort* 1881, p. 429-430.)

Gestation avancée : Wurtemberg, M. Franconie (Bavière).

Tournis, fièvre aphteuse : Canton de Coire.

Fièvre aphteuse peu étendue : Basse-Autriche.

Rouget : M. Franconie. *Rouget bénin :* Canton de Thurgovie, ville de Soleure, canton de Zurich. *Rouget à la 1re période :* Haynau (après cuisson).

Gale, tétanos, fièvre puerpérale, paraplégie : M. Franconie.

Péripneumonie contagieuse : M. Franconie, Wiesbaden, Basse-Autriche.

Abcès et tubercules de quelques viscères : Canton de Glaris.

Tuberculose sans amaigrissement : Wiesbaden *(1re période initiale)*, Francfort-sur-Mein, Erfürt et Cologne *(légère non généralisée sans être tout à fait restreinte)*, M. Franconie *(légère)*, Basse-Autriche.

Tuberculose ayant envahi plusieurs organes ou la totalité d'un organe, soit une partie de la plèvre costale ou diaphragmatique, soit une partie du péritoine : Lausanne.

Jaunisse à un faible degré : Haynau (Prusse).

Maladie au début sans fièvre, ni suppuration étendue, ni décomposition du sang : Dantzig, Basse-Autriche, Bade, Basse-Alsace, canton de Soleure.

Ladrerie porcine légère : M. Franconie. — *Après cuisson :* Wiesbaden, Cologne, grand-duché de Hesse, Francfort-sur-Mein, Erfurt, Haynau.

Ladrerie bovine : Lausanne *(après salaison)*. — Canton de Zurich et canton de Soleure *(légère ou calcaire)*.

Verrats, boucs : Dantzig, Stolp, Haynau, Rastenburg.

Cryptorchidie porcine : Cologne et Erfürt *(si la viande est encore mangeable)*. — Dantzig, Haynau, Francfort-sur-Mein, Schneidemühl, Inowrazlau.

Abatage tardif à la suite d'accidents : Basse-Autriche, Tyrol et canton de Zurich *(sans fièvre)*. Bade *(avec fièvre)*. Wiesbaden, Francfort-sur-Mein, Cologne, Erfurt, Rastenburg, Haynau, Stolp, Dantzig.

Mort rapide suivie de saignée en cas de chute, blessures, fulguration, météorisme ou étranglement : Canton de Glaris.

Parturition laborieuse : Basse-Alsace, canton de Coire, canton de Glaris.

Fulguration mortelle avec dépeçage immédiat : Bade, canton de Zurich.

Chute mortelle avec égorgement immédiat, étranglement avec éventration immédiate, météorisation, fractures : Canton de Coire.

Extrême vieillesse (viande coriace) : Wurtemberg.

Vieillesse (chevaux) sans extrême maigreur : Basse-Autriche.

Extrême vieillesse ou amaigrissement : Francfort-sur-Mein, Cologne, Erfürt.

Veaux maigres déjà mûrs : Basse-Autriche.

En 1893, à l'abattoir de Leipzig, la vente au *Freibank* a été prescrite pour 335 gros bovins, 65 veaux, 24 moutons et 479 porcs, pour divers motifs, notamment les suivants (1) : *Tuberculose localisée étendue* : 240 gros bovins, 6 veaux, 186 porcs. *Rouget à un faible degré* : 25 porcs. *Leucémie* : 5 veaux. *Ictère à un faible degré* : 5 vaches, 6 veaux, 13 moutons, 18 porcs. *Péricardite traumatique* : 4 bœufs, 1 vache. *Pneumonie* : 1 veau, 3 moutons, 2 porcs. *Pleuropneumonie* : 2 bœufs, 1 mouton, 3 porcs. *Pleuropéritonite chronique* : 1 bœuf, 2 porcs. *Péritonite* : 6 gros bovins, 4 veaux, 2 moutons, 4 porcs. *Abcès viscéraux* : 9 gros bovins, 2 veaux, 2 moutons, 2 porcs. *Ladrerie restreinte* : 37 gros bovins, 3 veaux, 75 porcs. *Cryptorchide* : 117 porcs. *Mort sans saignée* : 4 veaux. *Amaigrissement* : 12 vaches, 7 veaux, 1 mouton. *Omphalo-hépatite* : 4 veaux. Etc.

En 1892, 3 veaux ont été envoyés au *Freibank* de Leipzig pour mélanose.

En 1899, le vétérinaire Leibenger a fait débiter au *Freibank*, en Bavière, un veau dont la viande répandait une odeur très sensible d'ascarides.

Le *Freibank* de l'abattoir de Strasbourg est très achalandé. Chaque acheteur reçoit un lot numéroté de 5 livres de viande, correspondant à son numéro d'arrivée. Souvent plus de deux cents personnes sont servies en moins d'une heure. Il est inter-

(1) En 1893, à l'abattoir de Leipzig, les saisies totales ont porté sur 311 gros bovins, 98 veaux, 4 moutons, 1 chèvre, 553 porcs et 6 chevaux, pour divers motifs, notamment les suivants : *Tuberculose généralisée* : 291 gros bovins, 73 veaux, 3 moutons, 456 porcs et 1 cheval. *Tuberculose étendue et amaigrissement* : 10 vaches. *Leucémie* : 1 veau. *Rouget à un haut degré* : 2 porcs. *Ictère à un haut degré* : 1 veau, 2 porcs. *Péricardite traumatique* : 1 vache, 1 taureau. *Inflammation de l'ombilic et métastase* : 9 veaux. *Ladrerie étendue* : 81 porcs. Etc.

dit aux restaurateurs, bouchers, charcutiers et tripiers d'acheter à l'étal de basse boucherie.. Les porcs atteints de rouget et de ladrerie sont soumis à la cuisson avant la vente (Goetz).

Dans le canton de Lausanne, dit Borgeaud (1897), il existe des étaux de basse boucherie pour la chair des animaux tuberculeux. Cette viande est salée à fond dans tous les cas un peu graves, afin d'assurer une cuisson sérieuse. Les chairs d'animaux, abattus en d'autres communes pour cause de maladie, ne peuvent être vendues aux boucheries ordinaires de Lausanne. Toutes ces viandes légèrement fiévreuses, susceptibles de se putréfier rapidement si elles voyagent sur les routes au soleil, dans des corbeilles ou des caisses, devraient être débitées dans la localité d'abatage, en un endroit à part, sous leur vraie dénomination comme les vins artificiels ; car elles sont loin d'être irréprochables, se conservent moins bien et moins longtemps que les viandes ordinaires.

En Italie, le décret du 3 août 1890 ordonne la vente en basse boucherie dans les cas suivants : météorisation, hémorragie interne suivie de mort, fulguration, brûlures d'incendie, tétanos, péripneumonie contagieuse, péricardite traumatique, rhumatisme musculaire ou articulaire, pleurésie, pneumonie, tuberculose au premier degré, odeur ou saveur mauvaises non nuisibles de la viande et consécutives à l'alimentation, etc.

Les bœufs, tués accidentellement ou gravement blessés dans les carrières de marbre de Carrare (Italie), sont débités en basse boucherie dans cette ville, sous la surveillance de l'autorité municipale, à bas prix et par lot non supérieur à un kilog pour chaque acheteur, lorsqu'ils ne sont ni maigres ni fatigués et qu'ils ont été saignés avant la mort (Lisi).

Dans l'abattoir communal d'Aoste, en Piémont, un étal de basse boucherie fonctionne depuis 1890 sans interruption et à la satisfaction du public. On y débite la viande : 1° des vaches âgées de plus de 10 ans ; 2° des bêtes bovines et ovines saines en mauvais état de nutrition ; 3° des animaux trop jeunes incomplètement mûrs ; 4° des sujets affectés de tuberculose *localisée* ; 5° des animaux atteints de maladies accidentelles dont la généralisation n'est pas une cause de nocuité ; 6° des bêtes abattues et même mortes (*dans la commune*) à la suite de météorisation ; 7° des animaux amenés vivants à l'abattoir avec des fractures ou autres lésions traumatiques sans infection ; 8° les viandes porcines peu ladres en petites saucisses cuites.

De même que Brusaferro, de Turin, G. Lisi (de Carrare) et le professeur G. Mazzini, de Turin, Croce est partisan de l'étal de basse boucherie ; mais il n'a jamais pu en faire installer un à Civita-Vecchia en raison de la résistance des bouchers, qui préfèrent la saisie d'un animal défectueux à son débit dans un établissement de ce genre. Aussi voudrait-il que la loi italienne obligeât les municipalités à instituer des étaux de basse boucherie. D'après lui, cette institution « *empêcherait le vétérinaire inspecteur d'être le complice des vols que certains bouchers commettent continuellement au préjudice du public.* », en vendant certaines viandes qui ne devraient pas paraître dans les étaux ordinaires. Dans son rapport au Congrès vétérinaire de Turin, 1898, L. Reggiani (de Vérone) accepte les basses boucheries, à condition que certaines viandes en soient exclues comme dûment saisissables et que les autres n'y soient reçues qu'après stérilisation : il veut, en somme, que l'hospitalité en soit moins large, les garanties plus considérables et que l'uniformité d'action soit imposée aux inspecteurs par des prescriptions très précises. Une réglementation nettement limitative éviterait bien des différends comme celui de Montegiorgio (Ascoli Pisceno), où l'officier sanitaire voulait faire vendre en basse boucherie une génisse atteinte de tournis, grasse et saine, que le vétérinaire communal avait admise à la vente ordinaire.

En Espagne, beaucoup de communes sont pourvues d'étaux de basse boucherie pour la vente des viandes disqualifiées (taureaux tués aux *corridas*, animaux maigres, etc.).

L'étal de basse boucherie est en usage en France à Avignon, Nice, Cannes, Grasse, Antibes, Blois, Epinal, Raon-l'Etape, Rambervillers, Saint-Mihiel. Il a été supprimé à Chaumont (Haute-Marne), en 1899, sous la pression des bouchers : depuis cette époque, les viandes de *qualité alimentaire insuffisante* sont vendues dans les boucheries ordinaires, avec l'estampille *qualité inférieure,* au lieu d'être exclusivement débitées au marché couvert comme auparavant. A Toulouse, on vend à la criée des viandes défectueuses (odeur de fenugrec, etc.) non admises dans les boucheries de la ville. A l'exemple des anciens Syriens, qui vendaient aux étrangers leurs viandes dépourvues des qualités rituelles, les villes de Saint-Quentin et de Bohain refoulent de leurs abattoirs dans les communes voisines les viandes de *qualité trop inférieure pour leur consommation.* Viendra-t-on prétendre que l'esprit français et démocratique manque aux habitants des quatorze dernières communes précitées, ayant adopté le système des basses boucheries !

On pourrait signaler de nombreux abattoirs français livrant aux boucheries ordinaires, conformément à des règlements locaux ou au libre arbitre des inspecteurs, des viandes défectueuses qui ne sortent d'une grande quantité d'abattoirs étrangers que pour aller dans les basses boucheries. Ces viandes proviennent notamment : 1° de porcs cryptorchides, de verrats, de boucs ; 2° d'animaux se trouvant dans l'un des cas suivants : ladrerie légère, tuberculose étendue sans généralisation, ictère à un faible degré, abatage tardif lors d'accident grave ou de maladie aigüe, saignée *in extremis* ou même *post-mortem,* surmenage ou état fiévreux à un degré déjà assez prononcé, extrême vieillesse, amaigrissement, odeur anormale de la chair, rouget bénin ou à un faible degré, etc., etc.

Il me semble impossible de prouver qu'il est plus démocratique de laisser débiter sournoisement, comme marchandises irréprochables, les viandes ci-dessus mentionnées que de les faire vendre franchement avec indication de leur nature réelle aux acheteurs. Les plus belles phrases du monde n'empêcheront pas le premier procédé d'aboutir à une tromperie, facilement évitable avec la méthode allemande.

En conséquence, j'émets les conclusions suivantes :

« 1° Il ne doit être vendu dans les boucheries ordinaires que des viandes véritablement marchandes, soit entièrement saines ou non suspectes d'insalubrité, soit normales quant à leur texture, leur consistance, leur coloration, leur odeur ou leur saveur ;

« 2° Le débit en basse boucherie sous surveillance sanitaire et policière, avec enseigne et étiquetage spéciaux, avec déclaration aux acheteurs, pourra avoir lieu pour certaines viandes préalablement assainies par la cuisson (tuberculose étendue sans généralisation complète, surmenage ou état fiévreux commençants sans altérations musculaires appréciables, ladrerie légère), par la salaison ou la conservation en chambre froide pendant trois ou quatre semaines (ladrerie légère) ;

« 3° Le débit en basse boucherie dans les mêmes conditions, mais sans cuisson, pourra avoir lieu pour certaines viandes anormales de texture, de consistance, de coloration, d'odeur ou de saveur, mais non malsaines, y compris celles des porcs cryptorchides, des verrats et des boucs ;

« 4° Les étaux de basse boucherie ne pourront servir au débit des viandes actuellement reconnues saisissables, sans restriction, par tous les vétérinaires inspecteurs français ou par les prescriptions du Gouvernement français. »

SECONDE PARTIE

Nécessité d'une Réglementation uniforme des motifs de saisie des viandes

---

INTRODUCTION

Au IIIe Congrès national de Médecine vétérinaire, tenu à Paris du 10 au 13 novembre 1897, j'ai présenté un rapport sur le sujet suivant choisi par le Comité d'organisation : *Réglementation des motifs de saisie dans les abattoirs.* A la suite de la discussion dont cette question a été l'objet à la quatrième séance, le vendredi 12 novembre, le Congrès a émis les vœux suivants :

Proposition du rapporteur M. Ch. Morot

Le Congrès émet le vœu :

1° Que le Gouvernement établisse, à bref délai, dans une loi ou dans un règlement d'administration publique, une liste des principales maladies contagieuses ou non contagieuses et des principaux états anormaux qui rendent les viandes impropres à la consommation ;

2° Que le Congrès nomme une Commission de douze membres, composée par moitié de professeurs ou chefs de travaux des Ecoles vétérinaires et de vétérinaires inspecteurs des viandes, chargée d'établir une liste des motifs de saisie qui serait présentée au Gouvernement avec des rapports à l'appui.

Proposition de MM. Leclerc, Carreau et Laurent

Le Congrès émet le vœu :

1° Que les services d'inspection des viandes de boucherie soient, au point de vue des saisies, réglementés uniformément en France ;

2° Que la liste des cas de saisie soit établie d'après les propositions d'une Commission spéciale, composée de membres du corps professionnel des Ecoles vétérinaires et d'inspecteurs de boucherie.

A la même séance, le Congrès a nommé MM. A. Leclerc, Ch. Morot, le Dr Moreau, Carreau, L. Baillet et Lignières membres de la Commission de réglementation des motifs de saisie dans les abattoirs. Il a décidé qu'il leur serait adjoint « trois commissaires spécialement désignés par MM. les Inspecteurs des abattoirs de Paris ».

Dans sa séance du 8 décembre 1897, la Société de Médecine vétérinaire pratique a pris l'initiative de provoquer l'élection de ces trois commissaires : elle a chargé son secrétaire perpétuel d'inviter par une circulaire explicative « tous les membres du service sanitaire de Paris », à choisir ces commissaires parmi eux au scrutin de liste et à envoyer leur bulletin de vote au Président pour la séance de janvier.

A la séance du 12 janvier 1898 de la Société de Médecine vétérinaire pratique, quarante-cinq vétérinaires sanitaires de la Seine ont procédé à l'élection des trois commissaires et ont donné le nombre de voix suivant aux candidats : MM Villain, 42 ; Dommergue, 30 ; Permilleux, 29 ; Bascou, 7 ; Morel, 6 ; Duprez, 5 ; Moulé, 5 ; Tardivon, 3 ; Robcis, 2 ; Moreau, 2 ; Richelot, Pagès, Delaforge, Blier et Jouet chacun 1. MM. Villain, Dommergue et Permilleux, ayant réuni la majorité des suffrages, ont été déclarés élus et M. Bascou a été nommé commissaire suppléant.

* * *

A la réunion de la Commission de réglementation des motifs de saisie et du Comité d'organisation du Congrès vétérinaire de 1900, le samedi 12 mars 1898, à Paris, deux membres seulement de la première Commission sont présents, MM. Dommergue et Villain. On propose d'adresser une circulaire aux municipalités pour les inviter à déléguer leurs vétérinaires inspecteurs d'abattoirs, aux séances du Congrès où sera discutée la question de la Réglementation des motifs de saisie. La Commission et le Comité ont lieu de croire qu'un certain nombre de villes tiendront à faire participer ces agents sanitaires à cette Assemblée, car il y a un grand intérêt à ce que les inspecteurs arrivent à une unité d'action dans les saisies qu'ils sont appelés à opérer.

Le mercredi 3 août 1898, à Paris, à la deuxième séance de la Commission et du Comité précités, MM. Carreau et Dommergue, membres de la Commission des saisies, sont parmi les présents. La réunion décide que les commissaires parisiens seront convoqués par M. H. Rossignol, afin d'examiner la question de la Réglementation des saisies sur toutes ses faces, et de choisir un rapporteur dont le travail sera soumis aux membres de la Commission n'habitant pas Paris.

Le vendredi 3 mars 1899, à Paris, à la troisième séance des dits Comité et Commission, MM. L. Baillet, le Dr Moreau, Morot et Villain, membres de la Commission des saisies, figurent parmi les présents. M. H. Rossignol expose qu'il a provoqué plusieurs réunions de la Sous-Commission parisienne, et qu'on a mis peu d'empressement à répondre à chacune de ses convocations (1). La majorité des commissaires s'est prononcée en faveur de la Règlementation des motifs de saisie, et M. le Dr A. Moreau a été chargé d'élaborer un rapport à ce sujet. Dans ce mémoire publié par la *Presse vétérinaire* du 31 janvier 1899, le rapporteur démontre irréfutablement que ladite réglementation s'impose. Comme il s'agit d'un travail préparatoire, l'Assemblée ouvre une discussion sur la Réglementation des motifs de saisie. M. le Dr Moreau demande si la question des viandes de basse boucherie doit être traitée dans le rapport définitif.

(1) MM. Dommergue et Villain n'ont jamais assisté à ces réunions, de sorte qu'en réalité la Sous-Commission parisienne s'est toujours composée de M. le Dr Moreau tout seul.

M. Ch. Morot répond par l'affirmative, en se basant sur ce fait que la stérilisation des viandes grasses d'animaux tuberculeux est autorisée par l'arrêté ministériel du 28 septembre 1896, et que les chairs ainsi traitées sont consommées dans plusieurs communes de France. Pour M. Rossignol, la stérilisation entre exceptionnellement dans la pratique et les viandes qu'on y soumet trouvent peu d'amateurs, sauf parmi les tenanciers de restaurants louches. L'Assemblée admet que ce sujet sera traité dans le rapport définitif sur la Réglementation des saisies ; elle nomme M. Ch. Morot rapporteur. Le projet d'envoi d'une circulaire motivée aux maires des villes pourvues d'abattoirs inspectés, (déjà mentionnée à la séance du 12 mars 1898), est admise sur la proposition de M. H. Rossignol, appuyée par M. Ch. Morot (1).

Dans l'avant-projet de la sous-Commission parisienne relatif à la Réglementation des motifs de saisie dans les abattoirs, ou rapport présenté au Comité d'organisation du Congrès et à la Commission des motifs de saisie, M. le Dr A. Moreau expose qu'en raison des vœux émis par le Congrès vétérinaire de Paris, le 12 novembre 1897, il n'y a pas lieu de revenir sur l'utilité de la Réglementation et que les commissaires ont une tâche nettement définie par ces vœux, soit en quelque sorte un mandat impératif. Il présente ensuite une réglementat in des motifs de saisie très nette et fort soigneusement élaborée. Il déclare qu'il n'a rien innové dans sa classification, et qu'il s'est borné à glaner des documents dans les règlements français ou étrangers et à consulter avec fruit, pour sa nomenclature, des tableaux de ce genre dans les ouvrages spéciaux sur l'inspection des viandes, même publiés par des détracteurs systématiques de la réglementation.

En 1899, la Société vétérinaire de l'Aube a adressé à M. le Ministre de l'Agriculture le vœu suivant émis dans sa séance du 12 janvier 1899, sur la proposition de M. Ch. Morot :

(1) Cette circulaire a été adressée par le Comité d'organisation du Congrès aux Maires de plus de 600 villes de France en juin 1900. Elle insiste notamment sur la nécessité d'amener les services d'inspection des viandes à l'unité d'action.

La Société vétérinaire de l'Aube,

Considérant que toutes les viandes impropres à l'alimentation humaine doivent être retirées de la consommation ;

Considérant que certains états morbides ou anormaux des animaux et de leurs chairs sont l'objet d'appréciations variables de la part des hygiénistes, vétérinaires, médecins, etc. ;

Considérant que les consommateurs, les agriculteurs, les bouchers, les charcutiers, etc., ont sur ces états morbides ou anormaux des opinions souvent injustifiées ou erronées ;

Considérant qu'en raison des appréciations et des opinions précitées, il peut surgir entre les vétérinaires inspecteurs et les propriétaires de viandes ou d'animaux saisis des conflits regrettables, souvent préjudiciables à l'hygiène publique et à la marche régulière des services sanitaires ;

Considérant qu'en raison du libre arbitre laissé aux inspecteurs, n'ayant pas tous une manière de voir identique sur des cas morbides ou anormaux semblables, les mêmes viandes peuvent être jugées propres à la consommation dans une commune et exclues de l'alimentation dans une autre au grand étonnement du public ;

Emet le vœu :

Que M. le Ministre de l'Agriculture veuille bien faire établir, par le Comité consultatif des Epizooties, une liste des principales maladies contagieuses ou non contagieuses et des principaux états anormaux rendant les viandes impropres à l'alimentation humaine ;

Que cette liste ait force de loi dans la France entière et que tous les vétérinaires inspecteurs soient tenus de la prendre pour règle dans leurs opérations sanitaires ;

Que les cas morbides ou anormaux, ne figurant point dans ladite liste parce qu'ils sont encore mal connus ou peu étudiés, soient seuls laissés à l'appréciation libre des vétérinaires inspecteurs qui devront toutefois les examiner avec prudence, et prendre à leur sujet une décision rationnelle basée par analogie ou autrement sur les données scientifiques les mieux justifiées (1).

Au mois d'août 1899, la Société vétérinaire de l'Aube a adressé le vœu suivant à M le Préfet de l'Aube, sur la proposition de M. Ch. Morot :

La Société vétérinaire de l'Aube,

(Répétition des cinq considérants du vœu précédent adressé à M. le Ministre de l'Agriculture).

Emet le vœu qu'une réglementation des motifs de saisie des viandes soit introduite dans le règlement général du contrôle sanitaire des abattoirs publics, tueries particulières et clos d'équarrissage des communes de l'Aube, dont la Société a demandé la création sous forme d'arrêté préfectoral (2).

A la séance du 22 septembre 1899, à Dijon, le Grand Conseil des vétérinaires de France a rejeté à l'unanimité, moins la voix de M. Roinard, un vœu de la Société vétérinaire de la Seine-Inférieure et de l'Eure ainsi conçu : « Laisser aux inspecteurs vétérinaires des viandes choisis par le concours et aux Municipalités dont ils relèvent, le soin de juger en toute liberté des cas d'insalubrité, sauf, toutefois, quand la loi intervient. » Le Grand Conseil a ensuite adopté un vœu en faveur de la réglementation uniforme des saisies.

Dans sa première circulaire (13 novembre 1899), le Comité d'organisation du Syndicat central des vétérinaires inspecteurs de boucherie appelle l'attention des destinataires sur l'importance de la Réglementation des motifs de saisie. L'article 3 des statuts de ce Syndicat, votés le 15 mars 1900, porte qu'un des buts de ladite Association est « d'arriver à une unité d'action en réglementant, dans la mesure du possible, les motifs de saisie dans les abattoirs. » Dans la première circulaire adressée le 15 avril 1900 à leurs collègues non encore adhérents, les membres du Bureau et du Conseil du Syndicat exposent qu'ils espèrent, grâce à leur Bulletin, arriver à unifier le service d'inspection des viandes.

(1) M. le Ministre de l'Agriculture n'a adressé à la Société aucun accusé de réception de ce vœu.

(2) Cette demande d'arrêté préfectoral et de réglementation départementale des motifs de saisie n'a eu jusqu'ici aucune suite.

***

Malgré le triomphe certain que le Congrès de 1900 réserve à la Réglementation des motifs de saisie, j'estime, contrairement à l'opinion exprimée ci-dessus par mon ami M. Moreau, qu'il faut encore ici insister sur la nécessité de cette réglementation et faire valoir qu'il y a là un instrument indispensable à la marche régulière des services d'inspection. Dans ces dernières années, la codification des motifs de saisie a été combattue avec trop d'acharnement, à la vérité par quelques rares inspecteurs et sans le moindre succès, pour que je renonce à en faire l'apologie dans mon rapport. Il faut dissiper tous les malentendus, accumulés comme à plaisir par les anticodificateurs, et jouer serré pour couper court à toute tentative de réaction.

Peu après le Congrès de 1897, la question en litige ne tarda pas à provoquer un interminable déchaînement de discussions, même de polémiques généralement très vives, souvent passionnées et parfois violentes. Tous ou presque tous les adversaires déclarés de la réglementation n'avaient point paru au Congrès, où leur place aurait dû être occupée ; ils prirent leur plume pour défendre leur opinion dans la presse, après s'être abstenus de soutenir leurs idées à la tribune devant leurs confrères. Il y eut alors le parti des *uniformistes* et des *antiuniformistes*, des *réglementaristes* et des *antiréglementaristes*, des *codificateurs* et des *anticodificateurs*. C'était à qui disserterait pour convaincre un contradicteur ou simplement lui affirmer qu'il avait tort. Ce fut une véritable guerre intestine, rappelant d'un peu loin la lutte plusieurs fois séculaire des Guelfes et des Gibelins. Elle fit répandre des litres d'encre et des flots de salive, mais non du sang comme le différend qui s'éleva en Italie au moyen âge entre le parti de l'empereur d'Allemagne et celui du Pape. Avant de faire connaître les principaux épisodes de cette campagne, je tiens à résumer ici les débats qui les précédèrent au Congrès de 1897.

CHAPITRE PREMIER

La Réglementation des saisies discutée au Congrès vétérinaire de 1897 (Résumé)

Dans une lettre lue par M. Lignières à la séance du 12 novembre, M. L. Baillet, retenu à Bordeaux, se déclare empêché de discuter les conclusions de M. Morot faute d'avoir reçu son rapport à temps. Il adjure le Congrès de ne pas voter une réglementation trop sévère, qui soulèverait les protestations des agriculteurs français et imposerait une mission trop rigoureuse aux vétérinaires inspecteurs. *(P. V.*, p. 95-96.)

M. Lignières. La réglementation uniforme des motifs de saisie est désirable et préférable à l'état actuel des choses, malgré certains inconvénients, mais elle n'est possible que dans quelques circonstances. Vouloir indiquer tous les cas, « c'est s'exposer d'avance à donner une nomenclature incomplète, parfois draconienne et souvent mauvaise. » Les inspecteurs constatent fréquemment, sur les viandes impropres à la consommation, des signes indiquant que les animaux les ayant fournies étaient malades, sans pouvoir préciser le genre de la maladie. Aussi faut-il leur laisser une large initiative au lieu de leur imposer une nomenclature détaillée, susceptible d'entraîner les réclamations des propriétaires qui ne verraient pas dans cette liste les caractères, présentés par les viandes qui leur ont été confisquées. Le tableau des saisies, composé par M. Lignières, ne contient que des généralités de façon à laisser une latitude suffisante aux inspecteurs, car « *il est des cas où on ne doit guère se prononcer d'une façon catégorique* ». *(P. V.*, p. 96-100.) M. Lignières repousse la réglementation trop restreinte réclamée par M. Trasbot : « Il faut à l'inspecteur un règlement large, mais sur lequel il puisse toutefois s'appuyer pour soutenir le motif de sa saisie contre les influences diverses. » *(P. V.*, p. 109.)

M. Leclerc. La cause de la codification uniforme paraît gagnée. M. Baillet, autrefois adversaire systématique de l'uniformisation, semble admettre actuellement une réglementation générale. Il faut une codification large, car les inspecteurs courraient le danger de provoquer les réclamations des propriétaires, s'ils se prononçaient dans des cas qui pourraient ne pas figurer au tableau des saisies. Il est difficile de clore cette nomenclature, étant donné que des découvertes nouvelles peuvent faire supprimer une maladie comme cause de saisie ou en ajouter une autre comme telle, par exemple certaines intoxications, le tétanos, cas sur lesquels la science n'est pas encore bien fixée. Il serait imprudent *d'arrêter* aujourd'hui une liste de saisies ; il faut s'en tenir à la classification générale de M. Lignières que les propriétaires ne pourront mal interpréter. (*P. V.*, p. 100-102.)

M. le Dr *A. Moreau*. La doctrine de l'arbitraire personnel soutenue par M. L. Baillet doit être rejetée. On se plaint de la justice avec le code, on s'en plaindrait bien davantage s'il n'y avait pas de code. Avec M. Leclerc, M. Moreau s'accorde à refuser un règlement trop détaillé ; il veut une codification laissant justement place à l'indépendance scientifique de l'inspecteur, dont les opérations doivent être raisonnées et justifiées. Il y a lieu, dit-il, de placer une réglementation générale en tête du tableau des saisies qu'il présente au Congrès. (*P. V.*, p. 102-103.)

M. Trasbot. La réglementation des motifs de saisie n'a pas à comprendre des détails superflus, qui ont leur place dans un traité d'inspection. Elle doit être une classification générale, formulée dans des proportions aussi simples et aussi courtes que possible, empêchant la consommation des chairs nuisibles à la santé, des viandes fiévreuses et des animaux abattus à la suite d'une maladie quelconque ou d'une affection transmissible à l'homme. Cela suffit pour qu'un inspecteur puisse saisir un animal morveux, ladre ou tricbineux, car il lui appartient de veiller lui-même aux détails d'application qui pourraient être embarrassants. (*P. V.*, p. 105-106.)

M. Ch. Morot. On nous invite à ne pas étendre la réglementation des motifs de saisie, afin de laisser une plus grande latitude aux inspecteurs. Le conseil est juste, à condition que la liste desdits motifs soit établie. Cette nomenclature est nécessaire aux agents sanitaires eux-mêmes, en cas de contestation, pour les mettre à couvert à l'égard des maires tentés de leur reprocher des désaccords avec les contre-experts, alors même que ces derniers seraient inexpérimentés ou de mauvais aloi. Il faut se garder de trop laisser les coudées franches aux contre-experts, car il en est qui sont toujours disposés à trouver les saisies excessives, témoin ce vétérinaire troyen soutenant qu'en cas de pyémie d'origine ombilicale, avec abcès métastatiques des muscles du jeune veau, il suffisait d'enlever les parties purulentes et de livrer la viande *épluchée* à la consommation. (*P. V.*, p. 93-95 et p. 106-108.)

CHAPITRE II

Les motifs de saisie réglementés
Le pour et le contre

Le Congrès vétérinaire était à peine terminé que la question de la réglementation des saisies était reprise devant diverses sociétés et dans plusieurs journaux professionnels.

1. — La Réglementation des saisies à la Société Française d'hygiène, 1897-1898

Le 12 novembre 1897, à la Société française d'hygiène, à Paris, M. Ch. Morot expose qu'une réglementation nette et uniforme des motifs de saisie doit être établie pour toute la France. Il appuie sa manière de voir sur les faits suivants : les inspecteurs saisissent souvent de façons dissemblables, selon les localités, en se basant soit sur leurs opinions particulières, soit sur des arrêtés municipaux disparates et même contradictoires. En cas de conflit avec des éleveurs ou des bouchers, ils ont parfois à lutter avec des vétérinaires ayant les réclamants pour clients, voire même avec certains maires préoccupés de trancher ces différends d'après des considérations électorales.

M. le Dr Brémond conteste l'utilité d'une réglementation précise, parce que les cas non prévus échapperaient à la loi. A son avis, il est préférale que l'inspecteur apprécie l'opportunité de la saisie ou de la non-saisie d'après sa conscience, et que son opinion motivée fasse loi. Même avec la réglementation officielle, l'ère des litiges subsisterait et les inspecteurs auraient plus de mal à faire accepter leurs décisions pour les cas non réglementés.

A la séance du 14 janvier 1898, M. le Dr Baret déclare que la Société française d'hygiène peut aisément donner satisfaction, à la fois, à la proposition de M. Morot, (tendant à l'approbation du vœu émis par le Congrès vétérinaire de 1897 en faveur de la dite réglementation), et à l'opinion de M. le Dr Brémond, en acceptant l'addition suivante : « *Dans les cas non prévus par la liste officielle, le vétérinaire inspecteur aura le droit de décider de la saisie selon sa conscience, à la condition de formuler un avis motivé.* » Finalement la Société adopte la proposition de M. Morot avec l'amendement de M. Baret.

2. — Appréciation de la Réglementation des saisies par MM. Laquerrière et Pion, 1897

Après avoir déclaré dans le *Répertoire* du 15 novembre 1897 qu'il fallait laisser le vétérinaire-inspecteur *libre de se prononcer suivant sa conscience et ses connaissances*, sauf recours de l'intéressé contre la décision intervenue, M. Laquerrière concluait à la création — par voie de concours — de « spécialistes intelligents, éclairés et désintéressés. »

Dans la *Semaine vétérinaire* du 22 novembre 1897 et du 28 août 1898, M. E. Pion formule successivement une opinion qui peut être ainsi résumée :

1° M. Morot, irréductible, a la prétention exagérée d'obtenir un règlement uniforme, très complet et sans omission, permettant aux inspecteurs de n'avoir jamais tort en dépit des contre-experts et d'éviter les reproches des maires. Cette centralisation n'a aucune raison d'être, à cause des usages et préférences des divers pays de France ; l'absolu n'existe pas en cette matière. Au lieu d'imposer un règlement énumérant le nombre de grains de ladre ou de kystes de trichine nécessaire pour légitimer une saisie, il faut laisser de la latitude aux inspecteurs. — Une liste minutieuse des motifs de saisie, comme la réclame avec instance M. Morot, serait par certains côtés une précaution arbitraire dont le public ne comprendrait point l'application. Elle n'aurait pas la chance d'une interprétation égale selon les pays, les municipalités et les tempéraments des inspecteurs.

3. — La Réglementation des saisies condamnée par M. Baillet, 1898

Dans une lettre publiée en 1898 par la *Presse vétérinaire* du 30 juin et par la *Semaine vétérinaire* du 24 juillet, M. L. Baillet se déclare « autorisé à combattre, dans certaines limites au moins », les conclusions du Congrès sur la réglementation des motifs de saisie, opposées aux siennes adoptées en 1889 à Paris par le Ve Congrès international vétérinaire. Voici un résumé de son argumentation : Huzard, Delafond, Soumille, Van Hertsen, Zundel, H. Bouley et Nocard (1878), cités par M. Morot, ont tout au plus cherché à établir une grande classification comprenant les viandes saines d'un côté et les viandes insalubres de l'autre ; car ils ne pouvaient songer à réglementer une branche des études vétérinaires, qui n'était pas ou n'était encore que peu connue. » Pourquoi préconiser la réglementation et faire ressortir le chaos actuel des saisies en s'appuyant sur les dangers des viandes d'animaux atteints de *maladies contagieuses*, *d'affections inflammatoires avec fièvre intense*, ou de *lésions parasitaires*, soit des viandes de *sujets trop maigres ou trop jeunes?*

Il est inutile de faire de nouvelles réglementations pour les viandes de bêtes atteintes de *tuberculose*, *charbon*, *morve*, ou toutes autres maladies contagieuses désignées dans la loi du 21 juillet 1881 et le décret du 28 juillet 1888. Pourquoi s'occuper encore de la question des viandes tuberculeuses, officiellement tranchée aujourd'hui contrairement aux conclusions du Congrès de la Tuberculose de 1888? Peu après ce Congrès, où les savants avaient préconisé la destruction totale des viandes de tous les sujets tuberculeux, sans tenir compte du degré de la maladie et de l'état d'embonpoint, le décret du 28 juillet 1888 fixait les saisies d'après une distinction basée sur la localisation et la généralisation de la tuberculose. Cette prescription a été atténuée par l'arrêté ministériel du 28 septembre 1896, qui a apporté à la plupart des inspecteurs « *un véritable soulagement aux angoisses et aux ennuis* » que leur suscitait une réglementation aussi sévère.

Il ne semble pas nécessaire d'apprendre à des confrères, par voie de règlement, qu'il faut exclure les bêtes de la consommation en cas de *septicémie*, *résorption purulente*, *mort naturelle*, etc., « toutes altérations dont le caractère dangereux réside en la présence du vibrion septique, ou d'alcaloïdes résultant de la décomposition cadavérique. » Il ne paraît pas indispensable de leur apprendre la nocuité de la viande *fiévreuse*, la non-valeur des viandes *trop maigres* ou *cachectiques*, et de leur enseigner à discerner « le danger *plus* ou *moins grand* » des viandes de *porc ladre*. C'est une exagération, dit avec raison M. Pion, de vouloir spécifier le nombre de grains *ladriques* ou de kystes de *trichines* pour légitimer une saisie.

Il n'est pas admissible que les inspecteurs, généralement obligés de modifier leur jugement suivant le degré plus ou moins prononcé des altérations constatées, soient tenus de subordonner leur conduite aux termes d'un règlement. Cela est d'autant plus impossible que ces confrères sont, scientifiquement parlant, vos égaux et qu'ils ont appris comme vous, par l'étude ainsi que par la pratique, à discerner ce qui est bon de ce qui est mauvais. Par contre, l'auteur d'un *Traité d'inspection des viandes* peut très bien — dans cet « *ouvrage écrit en vue de devenir classique* » — leur indiquer la ligne de conduite à tenir suivant les cas.

La réglementation qui, de prime abord, semble avantageuse pour les jeunes vétérinaires dépourvus de l'expérience des abattoirs, est également inutile à ce point de vue. Dès l'école, ils peuvent être suffisamment préparés à l'appréciation des viandes et mis à même de savoir à leur sortie s'inspirer des préceptes ainsi que des pratiques de leurs devanciers.

« L'énumération légale de tous les cas de saisie totale ou partielle est inutile et froisserait la dignité professionnelle. Il y a lieu de laisser une certaine latitude à l'inspecteur. Vouloir imposer à celui-ci une règle de conduite au nom d'un Congrès, aussi important qu'il soit, c'est lui dénier la connaissance de son métier. Cependant si, pour des raisons purement locales, il peut y avoir intérêt à faciliter la tâche de l'inspecteur en lui donnant la nomenclature des cas qui doivent entraîner la saisie, c'est affaire aux municipalités et non au Congrès. »

Un Congrès outrepasse ses attributions, en voulant imposer à certaines villes le mode d'inspection suivi dans d'autres villes, et ne réussit qu'à aliéner aux inspecteurs le monde des agriculteurs, qui pourraient les considérer comme des épouvantails portant atteinte aux intérêts agricoles. Grâce à leur savoir et à la conservation de leur indépendance, les vétérinaires d'abattoirs peuvent marcher sans lisières « *et se faire apprécier suffisamment pour que leurs actes ne soient ni combattus, ni contrariés....,, même par des confrères.* »

1. — M. Villain, adversaire et partisan de la Réglementation, 1898

Dans une lettre publiée en 1898 par la *Presse vétérinaire* du 31 août, M. Villain formule ainsi, en substance, son avis sur la réglementation des motifs de saisie.

Un code des saisies serait bien vu des inspecteurs et du public, mais l'heure n'en est pas encore venue. En effet, l'inspection vit actuellement de souvenirs et *opère beaucoup empiriquement*, s'appuyant en bien des points sur des données déjà anciennes auxquelles va le *consensus omnium*, et sur quelques règles ou prescriptions officielles qui peuvent paraître actuellement insuffisantes ou incomplètes. Comme beaucoup de ses connaissances sont imparfaites, elle se trouve à une période de tâtonnement et ne peut fournir la justification scientifique de toutes ses opérations. Elle a encore besoin d'étudier et doit recourir à la chimie, ainsi qu'à l'expérimentation, « *avant de pouvoir aborder avec chance de succès la réglementation des motifs de saisie.* »

Il est difficile d'indiquer, pour certains états morbides, une base d'appui permettant de distinguer le degré de maladie propre à entraîner le refus de la viande. L'exercice de l'inspection permet seul de « *déterminer* » avec précision non seulement les motifs de saisie, mais surtout l'opportunité de certaines d'entre elles. Pour arriver à cette détermination, il ne suffit pas de connaître à fond un ouvrage renfermant une bonne description des viandes impropres à la consommation. Faute de limite mathématique, on ne peut à première vue éliminer tous les sujets mauvais dans un lot de moutons cachectiques. Après avoir exclu les carcasses plus ou moins mouillées, il faut trier les types les moins mauvais ou les douteux, et établir des points de comparaison avant de prendre une décision ferme à leur égard. Cette opération est plus facile à faire qu'à exposer dans un article même étudié.

En outre, « comment exposer en un cadre, même agrandi, les règles qui doivent présider au refus ou à l'acceptation des viandes plus ou moins *fatiguées* ou *fiévreuses?* Les nuances d'interprétation sont tellement diverses en ces cas, qu'il faut une grande habitude des choses de l'inspection pour oser se prononcer de prime-saut. »

A Paris, le règlement n'autorise que la consommation des veaux âgés de six semaines au minimum. Quelques signes indiquent bien après l'abatage quand ces animaux sont trop jeunes pour l'étal, mais il n'en existe guère qui permettent d'en déterminer l'âge réel. Les inspecteurs parisiens ne changeraient rien à leur manière d'opérer et rencontreraient les mêmes difficultés d'exécution, au cas où un nouveau règlement abaisserait l'âge de six semaines à celui de vingt et un jours, limite admise dans certains pays.

Les services d'inspection ne se sont pas entendus sur la façon d'opérer, prescrite pour les viandes d'animaux tuberculeux par l'article 11 de l'arrêté ministériel du 28 juillet 1888. L'arrêté du 28 septembre 1896 contient des données plus claires « *qu'il faut néanmoins savoir interpréter.* »

Malgré les difficultés d'exécution, on peut faire une nomenclature ouverte des principaux motifs de saisie des viandes, une énumération en un mot, comme cela existe déjà dans maints règlements d'abattoirs de province, avec des idées générales sur certaines saisies classiques. Mais cette liste ne donnera pas les résultats désirés et la conduite tracée ne sera pas plus assurée que par le passé. Ce qu'il faut en matière d'inspection des viandes, c'est de la pratique, du doigté : toutes choses aussi difficiles à acquérir qu'à énumérer. »

Dans bien des cas, le vétérinaire-inspecteur doit rester seul juge de l'opportunité de certaines saisies et posséder la faculté « *de saisir le tout, la partie ou rien, selon les cas* », comme la Commission lyonnaise de 1883 l'a fait inscrire dans le règlement de Lyon de 1884 pour les viandes fiévreuses, saigneuses, surmenées ou atteintes de rouget, comme le décret du 28 juillet 1888 l'a prescrit pour le rouget du porc. « Si certaines opérations sont classiques, d'autres sont commandées par l'usage, les habitudes locales et bien souvent il est impossible, comme le dit Baillet, *d'aller contre le sentiment du public.* »

5. — M. Duram codificateur contre M. Villain anticodificateur, 1898

Dans la *Presse vétérinaire* du 31 octobre 1898, Duram, — un collègue sans doute, un connaisseur certainement, — a donné de la lettre de M. Villain une critique mordante, qui peut être ainsi résumée :

Si l'inspection n'est pas en mesure de justifier scientifiquement ses saisies, à quoi bon détailler les caractères des viandes bonnes ou mauvaises dans des manuels? Comment admettre que ce qui peut être surabondamment décrit ne puisse être facilement codifié ? Pourquoi confondre l'instruction technique de l'inspecteur et la réglementation de l'inspection, qui sont deux questions différentes? La codification n'est pas un guide-âne destiné à initier l'apprenti inspecteur aux mystères de sa fonction ; c'est une nomenclature complète et explicative des cas de saisie, permettant de donner un peu d'unité au *modus operandi* des vétérinaires des divers abattoirs. Ses promoteurs savent bien qu'elle ne peut tracer de délimitation bien nette dans la gamme des moutons cachectiques, ni dans la série des veaux trop jeunes, et que la pratique la mieux suivie est incapable d'établir cette limite, qui diffère suivant les personnes, même avec les inspecteurs nourris des mêmes préceptes. Ils n'ignorent point que la pratique fait le praticien et que le diplôme n'intervient que comme instrument, tout nécessaire qu'il soit. Les inspecteurs expérimentés ne peuvent de bonne foi demander à un règlement une précision qu'ils n'ont jamais connue eux-mêmes.

La codification ne s'opposerait pas au maintien de certains usages locaux, concernant la consommation des viandes maigres ou cachectiques, pas plus que le Code n'a empêché la conservation de certaines coutumes. La non-réglementation des saisies constitue un régime analogue à celui qui livrerait les justiciables à l'arbitraire absolu des juges, s'il n'y avait pas de Code. Aussi demande-t-on une réglementation-type, propre à inspirer les municipalités dans l'élaboration des ordonnances communales, sans les obliger à délaisser certains usages locaux.

En l'absence de codification, M. Villain se contente de vieilles données empiriques d'une application plus élastique que les articles d'un règlement. Il peut suivre ainsi plus docilement les fluctuations du « *sentiment public* », bien ou mal inspiré. Il combattra tout essai de codification gênante jusqu'au jour où les intéressés demanderont, sur quel texte il se base pour saisir certaines viandes, ni falsifiées, ni corrompues (aux termes de la loi de 1851), dont la mise en vente est dépourvue de toute sanction pénale. En province, l'inspecteur isolé est empêché de se livrer à de telles fantaisies et ne peut opérer qu'en s'appuyant sur un règlement.

Cette réglementation, que MM. Baillet et Villain se refusent obstinément à voir étudier par notre profession, pourrait bien nous être imposée un jour prochain par les médecins, en train de nous supplanter activement sur ce terrain de l'inspection des viandes dans l'armée. « C'est aux médecins qu'on ira demander cette justification scientifique des motifs de saisie, qu'après vingt ans de métier nos vétérinaires-inspecteurs n'ont pas su ou voulu élaborer. »

« Nous devrons ces beaux résultats aux partisans du *statu quo*. N'est-ce pas qu'ils auront bien mérité de la profession ? Leur idéal aura été modeste. Ils se seront bornés à s'assimiler les us et coutumes des antiques praticiens bouchers, en introduisant quelques dénominations vaguement ou faussement scientifiques, et à s'admirer dans de copieuses brochures, tout en s'avouant de parfaits empiriques. Leur conception de la mission de l'inspecteur n'aura pas été plus loin. Ils laisseront à d'autres, plus aptes, le soin de mettre à profit les méthodes pastoriennes, les données de la chimie biologique et d'explorer scientifiquement le vaste champ qu'ils ont laissé en friche. »

6. — La Réglementation des motifs de saisie combattue par M. Pion et défendue par M. Moulé à la Société centrale de Médecine vétérinaire, 1898.

Séance du 27 avril 1898

M. E. Pion. (Résumé.) — « Doit-on, ne doit-on pas, pour la France d'abord, pour l'Europe ensuite, codifier les motifs de saisie en matière d'inspection de boucherie? » Il faut repousser cette codification minutieuse et laisser les inspecteurs libres d'agir d'après leur conscience et selon les principes généralement admis, d'autant que personne ne contestera une saisie, légitimée par des lésions bien apparentes, en cas de *mort naturelle, avarie extrême, cachexie outrée, étisie, trop grande jeunesse*, etc.

Un texte nouveau, quoique bien intentionné, ne doit pas couvrir d'abus. Quelles interprétations contraires ont été données à l'arrêté ministériel de 1888, qui paraissait limiter les saisies pour tuberculose et qui n'était qu'une arme permettant à chacun de tout prendre à sa guise! Avec l'arrêté de 1896, plus indulgent, on a le droit de tout laisser. L'inspection est un art peut-être, mais non encore une règle susceptible de règlements précis. Les trois quarts des fois, les inspecteurs opèrent comme des empiriques, parce que le muscle est différemment touché par le mal et parfois même par la mort. Deux inspecteurs partisans de la codification pourront juger différemment des cas douteux et montreront ainsi l'inanité de leur rêve de réglementation. Il est impossible de décrire en un code une viande foraine suspecte, avec l'indication de son odeur et de sa couleur. La centralisation d'une inspection, répandant ses ordres sur toute la France, gênerait les us et coutumes conservés par le temps selon les régions (1). Elle susciterait l'opposition de la Flandre et de la Bretagne, qui consomment avec plaisir des veaux de une a deux semaines, saisissables à Paris, où ils ne peuvent être mangés qu'à partir de six semaines. Quelle limite assigner à la maigreur tolérée par le Midi et répudiée par le Nord ? L'uniformité n'existe même point parmi les inspecteurs d'une même ville, soit parce qu'ils opèrent dans des conditions différentes, soit pour d'autres causes. Ils peuvent se contredire sur une même pièce. Sur une viande foraine préalablement inspectée, un connaisseur peut trouver une lésion du muscle passée inaperçue au premier contrôle à l'abattoir. Depuis le 1er janvier, une quarantaine de saisies ont été pratiquées aux Halles sur des viandes variées ayant subi l'inspection des abattoirs de Paris (2). On saisit parfois sur les marchés de la capitale ou de la banlieue des viandes provenant des Halles centrales. Avec la codification de pareils faits se produiraient partout selon le plus ou moins de rigueur, selon les oscillations du jugement des hommes.

Tout en repoussant la codification généralisée, M. Pion admet la saisie des viandes même en cas de tétanos léger ou d'abatage consécutif à la fièvre vitulaire, s'il est avéré que des toxines s'y sont développées et qu'il y ait ainsi une justification de cette sévérité. Pour certaines catégories de viandes dont on voudra éviter la perte, il tolérera la stérilisation même en boîtes

(1) « Malgré l'avis de collègues très savants, je ne saurais me ranger à l'opinion de ceux qui veulent établir pour toute la France, de Dunkerque à Perpignan, une même notification des motifs de saisie. A part quelques cas généraux bien spécifiés sur lesquels tout le monde est d'accord (mort naturelle, fièvre très marquée, étisie extrême, maladies contagieuses à microbes bien nettement trouvés), le reste doit être laissé à l'appréciation et à la conscience du juge. Les coutumes du pays pèseront en cela pour quelque chose. Sur les questions de graisse ou de maigreur, un Espagnol a des idées tout autres qu'un Flamand. Nul inspecteur, vis-à-vis du commerce, ne devra user de sévérité intempestive. » E. Pion. Les abattoirs. (*Revue encyclopédique* Larousse, 4 février 1899, n° 283, p. 82, première col.)

(2) Sur la fin de 1896, M. J. Riqué, vétérinaire municipal à Barcelone, constata une tuberculose commençante, localisée, sur une vache sacrifiée à l'abattoir de cette ville. Il ordonna la destruction de la partie malade et la mise en consommation du reste de la bête. Par suite de la négligence du directeur et d'un surveillant de l'abattoir, l'animal fut envoyé entier au marché, c'est-à-dire sans enlèvement de la région atteinte. Là il fut saisi et détruit pour tuberculose par les vétérinaires du marché. La municipalité de Barcelone s'émut vivement de cette affaire, qui fut l'objet de nombreux commentaires dans la presse barcelonaise. Désirant savoir s'il fallait être avec les rigoristes ou les tolérants à l'égard des viandes d'animaux tuberculeux, elle demanda l'avis du Conseil royal de santé d'Espagne.

de conserves si elle est réclamée. Il demande qu'un accord parfait s'établisse sur le chiffre de cysticerques entraînant la saisie, en cas de ladrerie bovine ou porcine, et il s'engage à compter ce nombre.

Séance du 18 mai 1899

M. L. Moulé. (Résumé). « C'est en partisan convaincu de la réglementation de l'uniformité dans le *modus faciendi* des vétérinaires chargés de l'inspection des viandes », que M. Moulé vient discuter la question d'actualité récemment soumise à la Société Centrale par M. Pion.

Une réglementation est nécessaire pour uniformiser les saisies divergentes selon les villes ou les arrêtés locaux, non seulement à l'égard de la ladrerie comme on l'a dit ; mais encore dans d'autres cas (viandes trop jeunes, tétaniques, fiévreuses, saigneuses, surmenées, ictériques ou viandes provenant d'animaux atteints de diverses maladies). On objecte les usages, l'impossibilité de désigner dans un règlement toutes les altérations entraînant la saisie. Est-ce que nos lois n'ont pas respecté les usages locaux, les us et coutumes de nos anciennes provinces. Faut-il au nom de l'usage laisser consommer dans certaines localités des viandes charbonneuses, septiques ou autres dont la saisie s'impose. Il serait facile de s'entendre sur les divergences d'opinion portant sur les saisies des animaux maigres et des animaux jeunes. La codification rendra peut-être les inspecteurs un peu moins sévères, à l'égard de la maigreur non insalubre au premier chef.

Dans beaucoup d'abattoirs dépourvus de règlements de saisies, et où le vétérinaire est livré à sa propre initiative, cet agent sanitaire est souvent en butte même aux tracasseries administratives. « La réglementation viendra en aide à ces deshérités en leur fournissant une base d'appui pour leurs décisions. » Alors nous ne verrons plus un maire, sollicité par un boucher grand électeur dans la localité, obligé de choisir entre l'hygiène et le maintien de ses fonctions, et pour les conserver, rendre de son propre chef un mouton cachectique saisi par le vétérinaire inspecteur. Nous n'assisterons plus à ces joutes vétérinaires, à ces expertises fantaisistes, bel exemple de solidarité professionnelle, où des experts, peu au courant des choses d'inspection, n'hésitent pas à rendre à leurs commettants des viandes fiévreuses, des porcs ladres, saisis en parfaite connaissance de cause par des inspecteurs d'abattoirs. Tout le monde n'a pas la situation de M. Baillet, dont l'autorité, bien justifiée, rend les décisions souveraines ; tous nos confrères n'ont pas comme M. Villain l'appui de la Préfecture de police ; aussi sont-ils légion ceux de nos collègues qui ont besoin d'être protégés.

« J'ai lieu de m'étonner de voir dans le camp des dissidents MM. Baillet et Villain, dont les livres ne sont pas autre chose que des manuels de codification, puisqu'ils n'ont pas eu d'autre but, en les écrivant, que de fournir à leurs collègues une base de règlementation pour la saisie des viandes. Mais ce qui m'étonne davantage, c'est de voir aujourd'hui M. Pion se prononcer contre cette codification, alors que naguère il semblait en être si partisan. »

En ce moment, il ne s'agit pas pour les membres de la Société Centrale de savoir si telle ou telle viande est propre à la consommation et si les inspecteurs sont trop sévères dans l'exercice de leurs fonctions, mais simplement de se prononcer sur l'utilité, la nécessité même d'une réglementation générale des motifs de saisie. Cette réglementation s'impose justement parce que l'inspection des viandes est encore entachée d'empirisme, comme le déclare M. Pion. « De la discussion à laquelle voudront bien prendre part les principaux maîtres de nos Ecoles, les spécialistes les plus autorisés en la matière, non nommés par l'élection qui quelquefois n'aboutit qu'à des résultats désastreux, jailliront ces principes, vraiment scientifiques, qui remplaceront ces règles empiriques dont nous devrions rougir de nous servir encore dans ce siècle de progrès. »

M. Pion. (Résumé.) Bien des vétérinaires et même des médecins, cités par M. Moulé comme partisans d'une *codification précise*, n'ont souhaité que des règlements *meilleurs* ou *plus clairs*. On ne codifie pas une appréciation d'expert. Pour faire une inspection suffisante, les libéraux se trouvent assez armés sans la réglementation minutieuse désirée par des sectaires ou des doctrinaires. M. Pion conjure « la Société de voter dans un sens libéral si elle doit se prononcer sur ce différend, si elle est jamais consultée par les pouvoirs publics ».

M. Butel. (Résumé.) Une codification minutieuse est inutile. D'ailleurs elle n'empêcherait pas les divergences, parcequ'elle ne peut prévoir tous les cas particuliers et que souvent les appréciations individuelles ne concordent point pour un cas déterminé. La preuve en est dans le fait suivant : pendant que certains inspecteurs appliquent à la lettre l'arrêté ministériel de 1896, beaucoup ne s'en servent qu'en s'inspirant de l'esprit de la circulaire Méline du 27 juillet 1897, pour laisser passer toutes les viandes tuberculeuses.

Séance du 25 mai 1899

M. Trasbot. (Résumé.) Il y a avantage et même nécessité de codifier, dans la mesure du possible, les principes propres à guider les inspecteurs des viandes dans leur service, de façon à faire cesser en partie les nombreuses dissemblances de leurs opérations. En effet, tandis que certains saisissent avec une rigueur extrême tout ce qui leur paraît suspect, d'autres se montrent d'une indulgence non moins exagérée. Les graves inconvénients de ce véritable désordre apparaissent nettement dans l'incident survenu, il y a quelques années, dans une ville (Sens) où deux vétérinaires exerçants étaient chargés de l'inspection de l'abattoir, chacun alternativement et par semestre. L'un passait pour plus sévère que l'autre : un jour, sur une vache affectée de tuberculose pleurale unilatérale, le plus tolérant confisqua seulement le quartier atteint. Dénoncé comme n'ayant fait à tort qu'une saisie partielle et pour avoir permis la vente d'une viande en état de tuberculose généralisée, il fut acquitté sur un rapport de M. Trasbot approuvant sa conduite, Une certaine part sera assurément laissée au jugement de l'inspecteur, dans l'interprétation du règlement. Il est impossible en effet d'arriver à l'uniformité absolue, mais on peut s'efforcer d'en approcher et de rendre moins choquantes les différences d'action. Celui qui repousse les excès de rigueur ou de tolérance, est au moins aussi libéral que M. Pion adversaire exclusif de la sévérité ; en demandant l'application d'une même règle à tous, on ne fait pas œuvre de doctrinaire.

M. Decroix. (Résumé.) De l'avis général, il faut *en théorie* des règles fixes et bien déterminées pour les saisies, mais c'est impossible *en pratique*, au moins pour le moment. Exemple : un cheval de boucherie « *trop maigre* » doit être saisi. Fort bien ! Mais ce qui, pour un inspecteur sera TROP *maigre*, pourra ne paraître que *maigre* et admissible pour un autre. Il est arrivé autrefois que des refusés à Paris ont été acceptés en province. Autre exemple : La tuberculose est une cause de saisie, mais entre le moment où le premier microbe pénètre dans l'organisme, sous une forme insaisissable, et celui où les viscères sont envahis par les tubercules, il y a une période où les avis des inspecteurs, les plus compétents et les plus consciencieux, peuvent être partagés. En cas de tubercules évidents, mais restreints, les uns saisissent, surtout les jeunes inspecteurs, tandis que souvent les anciens ne saisissent pas et ils ont raison.

M. Leblanc. (Résumé.) Pour les motifs de saisie autres que la tuberculose, les causes de dissentiment ne peuvent tenir qu'à un état d'esprit variable des inspecteurs, qui ne peut résister à l'éducation donnée dans les Ecoles. Cette éducation, complétée par un stage d'un mois aux Halles Centrales de Paris, dispense d'un guide-âne dans l'exercice du métier d'inspecteur. Faute de cette initiation, les anciens vétérinaires pouvaient commettre des erreurs et être assez embarrassés lorsqu'ils étaient appelés à donner une appréciation sanitaire sur des viandes.

M. Sanson. (Résumé.) Une réglementation des motifs de saisie n'est nullement pratique, car une description ne peut déterminer les limites précises des altérations qui rendent les viandes dangereuses. Elle n'est pas non plus sans péril : se basant sur des données scientifiques au moins douteuses, pour ne pas dire complètement erronées, des inspecteurs trop confiants en leur propre savoir prétendent soustraire à la consommation des masses de viandes inoffensives. Ne songeant avant tout qu'à protéger la santé publique, ils ne comptent pour rien les intérêts du commerce et de la production. En général, les réglementations sont toujours inefficaces et gênantes. Il ne suffit pas qu'elles aient été savamment élaborées ; entre elles et leur application, il y a les agents — chargés de les exécuter — qui en abusent toujours, dans un sens ou dans un autre, selon leur caractère. La réglementation des motifs de saisie est donc inutile ; mieux vaut s'en rapporter à la capacité professionnelle et à la sagesse des inspecteurs, qu'il faut seulement s'appliquer à bien choisir.

M. Pion. (Résumé.) L'inégalité flagrante des compétences est plus grave que l'inégalité des règlements. Une longue liste de saisies servira parfois à couvrir les abus d'un inspecteur peu ou mal initié. Quoi qu'on édicte, en effet, le talent et la conscience de l'expert feront tout ; cet expert agira toujours à sa guise dans les cas douteux. Est-ce qu'on pense à codifier les opérations de chirurgie ! La codification des saisies est une utopie, tant les intérêts, tant les coutumes, tant les manières de juger et d'apprécier sont complexes. On aura toute garantie avec des inspecteurs instruits de leur métier qui opéreront au goût du jour, selon les indications de la médecine et selon les expériences nouvelles. Quels articles immuables, intangibles, peut-on formuler sur les choses d'inspection de boucherie, lorsque certaines viandes, censées très dangereuses aujourd'hui, ne le seront plus demain, avec les progrès de l'expérimentation ?

Séance du 8 juin 1899

M. Ch. Morot. (Résumé.) Il suffit pour l'instant de signaler le gâchis où s'agite l'inspection des viandes, en matière de ladrerie porcine, avec le système de l'antiuniformisme cher à MM. Baillet, Pion et Villain dont l'horizon professionnel ne dépasse point — pour la circonstance — celui de l'abattoir de Bordeaux ou celui des Halles Centrales de Paris. Cette affection est entièrement connue aujourd'hui, aussi bien pratiquement que théoriquement ; s'il est une maladie au point de vue de laquelle l'inspection soit une science susceptible de règlements précis, c'est bien celle-là. Néanmoins elle nous permet d'assister à des spectacles curieux dans le camp des antiuniformistes.

Pour M. Baillet, la science ordonne de saisir sans hésitation tout porc présentant même un seul grain de ladrerie, d'après ce principe que d'autres grains demeurent invisibles dans le reste de l'animal ; mais la nécessité de ne pas éloigner des marchés la quantité de porcs, nécessaires à l'approvisionnement des villes, commande de ne pas prendre une mesure d'une sévérité aussi excessive, car les cysticerques sont des éléments visibles qu'on peut retirer de la viande lorsqu'ils y sont peu multipliés. Le plus ou moins de ladrerie d'un porc est une question de pondération qui doit être laissée à l'appréciation de l'inspecteur ; il appartient à celui-ci de se demander si la constatation d'*un* ou *deux* grains dans les lieux d'élection des cysticerques, chez un animal examiné avec soin, suffit pour infliger une perte considérable au charcutier. Se basant sur la tolérance raisonnée de la vente après *cuisson* préconisée pour les chairs faiblement ladres par H. Bouley, M. Baillet livre ces viandes à la vente à l'*état cru* après épluchage lorsqu'il s'est assuré, « par un examen détaillé des différentes pièces, que le nombre des cysticerques est très restreint, *de 1 à 20* » (1). Il a recours à la saisie totale si des coupes multiples de la viande révèlent des cysticerques, dans toutes les parties du corps, et non quelques rares grains. Il livre au charcutier la graisse et le lard, après s'être rendu compte qu'ils ne contiennent aucun cysticerque ; en cas contraire, il les fait fondre et dénaturer au moyen du noir de fumée. (Congrès Vétérinaire de 1889.) M. Baillet, qui en 1889 ne craignait pas de compter les grains de ladre, déclare en 1899, avec M. Pion, que cette énumération est une exagération. Il est à noter qu'en 1899, M. Pion accepte de se rallier — si l'on veut — à ce procédé qu'il a conspué en 1897.

Chez les anticodificateurs, les extrêmes se touchent à propos de la ladrerie. M. Villain saisit tous les porcs ladres — sans distinction de la quantité plus ou moins grande des vésicules visibles — sauf le lard qui est rendu sur la demande des inté-

(1) Dans son rapport au Congrès Vétérinaire de 1889, p. 373, M. Baillet mentionne la saisie totale des porcs ayant de 1 à 20 grains. Il a certainement remplacé par erreur le qualificatif « *partielle* » par le mot « *totale* ».

ressés. M. Pion fait chorus en approuvant le *règlement* très formel qui veut la saisie même avec une seule vésicule. Le *règlement* dont MM. Pion et Villain se prévalent, malgré leur dédain de la réglementation, est une lettre du Préfet de Police, en date du 3 mai 1881, motivée par le fait suivant : Un vétérinaire, appelé pour la contre-expertise d'un porc ladre saisi le 31 mars 1881, jugea que certaines parties dépourvues de cysticerques selon lui pouvaient être livrées à la consommation. D'après cette instruction, le contre-expert n'a qu'à s'assurer si le porc est ou n'est pas ladre, sans rechercher si telle ou telle partie de l'animal est exempte de cysticerques ; dans le cas où la ladrerie est constatée, la saisie entière du sujet doit être maintenue.

En raison de leur pouvoir discrétionnaire, des vétérinaires sanitaires tolèrent que les acheteurs de porc frais ingèrent des cysticerques *vivants*, laissés dans les viandes épluchées et estampillées, et s'exposent à contracter le ténia. Passe encore s'ils agissaient ainsi, non de leur propre volonté, mais en vertu d'une prescription de l'administration. Ces collègues, qui prennent sur eux-mêmes de faire consommer des cysticerques *vivants* restés dans les viandes ladres épluchées, s'ingénient en outre *proprio motu*, en fondant et en dénaturant la graisse des porcs ladres, à éloigner de l'estomac humain les cysticerques *tués* par la fonte de cette substance. Voilà encore une bizarrerie, dont l'illogisme ferait sourire les profanes lecteurs des chroniques plus ou moins scientifiques des journaux politiques. On comprend qu'un inspecteur l'accomplisse par ordre de l'autorité, mais on s'étonne qu'il en endosse la paternité au nom de la science vétérinaire qu'il représente à l'abattoir.

Ce n'est pas tout. Paris et Bordeaux n'admettent pas la contre-expertise lors de protestation des intéressés contre les décisions du service d'inspection. A Troyes, le propriétaire qui proteste contre une saisie peut choisir un expert et, si celui-ci est en désaccord avec l'inspecteur, le Maire nomme un tiers expert sur le rapport duquel il statue définitivement et en dernier ressort. Je suppose le cas suivant à Troyes : Un charcutier proteste contre la salaison qui lui a été imposée, en vertu du règlement municipal, pour un porc sur lequel le découpage en morceaux a fait découvrir approximativement vingt grains de ladre. Ce commerçant trouve sa protestation très naturelle, après avoir lu, dans les journaux professionnels ou autres, qu'une réglementation des motifs de saisie n'a aucune signification ; que la numération des grains de ladre est une exagération en matière d'inspection ; que les inspecteurs ont tort de prendre des mesures propres à leur aliéner le monde des cultivateurs, ceux-ci ne voyant en eux que des épouvantails capables de porter atteinte à leurs intérêts professionnels ; que ces mêmes inspecteurs n'ont qu'à pratiquer l'équitable modération qui devrait être la règle absolue entre le surveillant et le surveillé, au lieu de se faire les serviteurs fidèles et les complices des fantaisies des municipalités qui constituent parfois de simples vexations.

Le contre-expert n'a qu'à confirmer la décision de l'inspecteur, si elle est régulièrement prise en conformité du règlement précité. Mais admettez qu'il lui prenne la fantaisie de pontifier ou de faire de l'originalité ; il peut dire, s'il est pour la manière de M. Baillet : « Ce porc est livrable à la vente à l'état frais et ne doit pas être salé », ou s'il est pour le système de M. Villain : « Ce porc est saisissable et ne doit être livré à la vente ni salé ni frais. »

Si ce porc, qu'on veut saler à Troyes comme faiblement ladre, est expédié à Paris ou à Bordeaux à titre de viande foraine, au lieu de subir une contre-expertise sur place, il sera saisi dans la première ville et livré à la vente à l'état frais dans la seconde. Des esprits malveillants peuvent profiter de ces incidents pour accuser l'inspecteur, dans le premier cas, d'être trop coulant et dans le second d'être trop sévère.

Croit-on que ces trois modes d'opérer aussi contradictoires sont faits pour donner du prestige à l'inspection, qu'elle soit un art, comme le dit M. Pion, ou une application de la science vétérinaire, comme nous l'admettons avec beaucoup d'autres ! Pense-t-on qu'ils s'accordent avec la dignité professionnelle et qu'ils consacrent les données scientifiques sur lesquelles, d'après M. Baillet, « les vétérinaires ont aujourd'hui des connaissances acquises absolument identiques, indiscutables ! Estime-on qu'ils contribuent à la considération publique et à la sécurité administrative, si nécessaires aux vétérinaires municipaux pour vaincre les difficultés rencontrées dans l'exercice de leurs fonctions !

7. — L'esprit anticodificateur de MM. Baillet, Pion et Villain jugé par M. H. Rossignol

Dans la *Presse Vétérinaire* du 30 juin 1899, M. H. Rossignol s'élève contre l'hostilité inexplicable et insoutenable de MM. Baillet, Pion et Villain contre la réglementation des saisies. N'ayant jamais eu pour guide que leur bon plaisir, ces anticodificateurs ignorent les difficultés rencontrées par les inspecteurs de province, qui ont à compter avec les réclamations des bouchers ou des propriétaires, et parfois aussi avec l'hostilité de quelques confrères. A Paris, les vétérinaires sanitaires peuvent tailler, rogner et trancher à leur guise sans être dérangés par les expéditeurs qui, généralement éloignés, refusent d'ajouter les frais et les ennuis d'un déplacement à la perte résultant d'une saisie. En province, au contraire, les réclamants ordinairement sur place ou au voisinage objectent, à tout propos, à l'inspecteur faisant strictement son service que la sévérité est moindre dans telle ville voisine. Les mesures différentes prises dans les divers abattoirs, à l'égard de la ladrerie et de l'âge des veaux, donnent l'image de l'anarchie la plus complète. Un peu d'ordre dans ce chaos rendrait un signalé service.

Un inspecteur devenu partisan de la codification en province, après en avoir méconnu l'utilité à Paris, donne les explications suivantes à M. Rossignol : La réglementation a pour l'inspecteur l'importance du Code pour le juge ; elle l'arme contre le boucher toujours enclin à le taxer de parti pris ou de partialité, voire même d'incompétence, et aussi contre des confrères appelés comme experts à juger ses décisions. Contrairement aux dires de M. Baillet, son but n'est pas d'apprendre à l'inspecteur le métier qu'il connaît, ni de lui tracer de tous points sa ligne de conduite en l'enfermant dans des limites étroites et précises. Il a pour objet d'empêcher que chacun inspecte à sa façon, empiriquement, selon les coutumes et les traditions du pays. Il s'agit d'obtenir une réglementation générale, large, ni blessante, ni gênante pour personne, laissant à l'inspecteur ses coudées franches et toute latitude nécessaire. Elle sera pour cet agent sanitaire une base solide sur laquelle il s'appuiera, pour imposer silence à ses contradicteurs ou à ses détracteurs.

8. — Discussion anonyme peu courtoise sur la codification

Dans l'*Écho des Sociétés vétérinaires* de mai 1899, un pseudonyme, Jeannot, déclare que la proposition d'une réglementation des motifs de saisie est une *insanité vétérinaire* qui équivaut presque à une sorte de dépôt de notre bilan scientifique. Les municipalités, ajoute-t-il, n'auront-elles pas alors l'idée d'admettre que l'inspection ainsi limitée à un vulgaire *vade mecum* peut, utilement et économiquement pour elles, devenir la chose d'un policier ou d'un gendarme en retraite.

Dans la *Presse vétérinaire* du 31 juillet 1899, un autre pseudonyme, Jack Hott, a relevé moqueusement les écarts de langage et de logique de Jeannot. Dans l'*Echo des Sociétés vétérinaires* de juillet, et la *Presse vétérinaire* du 31 août 1899, Jeannot s'est plaint d'avoir été « *traité en termes grossiers* » par Jack Hott. Il a prétendu ne point s'être servi du mot *insanité* à l'égard de la codification, affirmant que cette compréhension trahissait sa pensée ; mais il a maintenu le terme « *insanité* » envers et contre tous pour la stérilisation des viandes d'animaux tuberculeux.

9. — La codification devant la Société vétérinaire de la Seine-Inférieure et de l'Eure, 1899

A la séance du 13 août 1899 de la Société vétérinaire de la Seine-Inférieure et de l'Eure, M. H. Charles a combattu la codification des motifs de saisie comme rapporteur d'office d'une Commission où figuraient MM. Roinard, Le Morvan et Despruniée.

Résumé. — L'idée d'un règlement des motifs de saisie ne rencontre aucune faveur auprès de l'élite vétérinaire. Ce procédé aurait l'inconvénient de reconnaître à l'inspection des viandes une spécialisation, tendant à en faire l'objet exclusif d'un mandarinat. Il amoindrirait et réduirait à l'état de simples enregistreurs les inspecteurs nommés après concours. Chaque article de ce Code risquerait d'être dans la pratique le sujet de discussions et d'interprétations regrettables, dont les inspecteurs supporteraient toutes les conséquences en dépit de leurs connaissances et de leur bonne foi. Tous les vétérinaires français sans distinction, grâce à l'enseignement identique reçu dans nos trois écoles vétérinaires, et à plus forte raison ceux qui ont ajouté à leurs études scolaires des années de pratique spéciale, sont suffisamment qualifiés pour exercer librement, en pleine conscience et d'après les dernières données de la science, les fonctions d'inspecteur des viandes dont les municipalités les ont investis au choix ou après concours, « *pour être leurs propres et communs codificateurs* ».

Une municipalité doit demeurer toujours maîtresse d'accroître les sévérités de l'inspection, selon qu'elle le juge nécessaire. Il n'y a pas lieu « de l'empêcher de refuser, par exemple, pour la consommation, une viande de tuberculose localisée, sous le prétexte qu'une codification générale n'admet ce refus que pour une viande de tuberculose généralisée ». Au nom des intérêts hygiéniques de ses administrés, elle est absolument maîtresse chez elle, comme protectrice du consommateur, et elle n'a cure des affaires personnelles des producteurs ou des bouchers. Ainsi le veulent le droit et la liberté des communes. Il est indifférent qu'une viande, reconnue bonne dans une ville, soit déclarée mauvaise dans une autre. Tout inspecteur doit être maître absolu de ses décisions, en sa qualité de seul responsable, et ne pas se préoccuper de ce qu'on fait à côté de lui. Il n'a ni à s'inquiéter de ce que les viandes soumises à sa visite deviendraient, au cas où elles seraient expédiées et examinées ailleurs, ni à tenir compte du contrôle dont celles provenant d'autres abattoirs ont pu être l'objet avant de lui être présentées.

A la suite de la lecture du rapport de M. Charles, la Société a adopté, sans discussion et à l'unanimité des membres présents, moins une voix, celle de M. Lefebvre, avec l'approbation de M. Veyssière, inspecteur de l'abattoir de Rouen, les considérations et le vœu suivants :

« La Société de Médecine vétérinaire de la Seine-Inférieure « et de l'Eure ;

« En ce qui concerne le projet de réglementation des motifs « de saisie de viandes dans les abattoirs, les halles et les « marchés ;

« Considérant les difficultés de conception de cette régle- « mentation, et surtout les difficultés plus grandes de son appli- « tion ;

« Prévoyant le refus de toute sanction légale au dit projet ;

« Considérant que, dans les trois Ecoles vétérinaires de « France, les études générales et spéciales sont identiques, et « que, par ainsi, les Médecins vétérinaires qui en émanent sont, « quant au fond, également aptes à discerner en toute circons- « tance la valeur hygiénique des viandes soumises à leur « examen ;

« Considérant que si, dans certains cas, on exige des inspec- « teurs les garanties d'un savoir plus spécialisé, ce ne peut « être pour leur enlever, d'autre part, la liberté de leur initia- « tive ni de leur jugement par une réglementation brutale et « intangible ;

« Considérant que les municipalités ont, par droit naturel, « la liberté d'accroître la sévérité des mesures propres à assurer « la bonne hygiène des populations qu'elles représentent et « que, dans ces circonstances, le vétérinaire inspecteur à qui « elles ont transmis ce mandat, peut, doit et se trouve être, « en effet, dans la plénitude de sa conscience et de ses connais- « sances scientifiques, leur principal et utile conseil ;

« Considérant enfin qu'une réglementation des motifs de « saisie ne pourrait toujours être en rapport avec les progrès de « la science, et placerait en deçà de son rôle scientifique le « vétérinaire inspecteur, et ce, tantôt au détriment des intérêts « des producteurs et acheteurs de bétail, tantôt de l'hygiène des « consommateurs,

Emet le vœu :

« Que la question de réglementation des motifs de saisie soit « combattue et repoussée partout où elle figurera à l'ordre du « jour des Sociétés et Congrès vétérinaires, comme contraire « aux libertés communales et aux progrès incessants de la « science et de l'hygiène publique. »

10. — Les causeries de M. E. Pion contre la codification. (*Résumé*)

Le rédacteur en chef de la *Semaine vétérinaire* crible la réglementation des saisies de ses épigrammes dans les numéros des 11 juin (*A*), 25 juin (*B*), 9 juillet (*C*), 6 août (*D*), 5 novembre 1899 (*E*), 11 février (*F*), et 29 avril 1900 (*G*).

A. — Dans une conférence sur les aliments insalubres, M. Baillet a exposé aux élèves de l'Ecole navale de Bordeaux que l'inspection des viandes fiévreuses — nécessairement rapide — réclame la simple action empirique des sens, faute de moyen chimique approprié. Il a eu le bon goût de ne pas effrayer ses auditeurs par une codification à outrance, par le vain apparat des listes interminables et scientifiques. M. Pion n'a jamais changé d'opinion ; il n'a jamais été partisan de la codification, mais il a toujours désiré que les inspecteurs, *également initiés, saisissent de la même façon, pour les mêmes motifs et avec la même rigueur*.

B. D. — Des vétérinaires de province, nommés inspecteurs de boucherie sans initiation préalable et sans concours, réclament à grands cris la codification, parce que des viandes expédiées comme bonnes sous leur couvert ont été saisies à Paris, soit parce qu'ils veulent justifier leurs saisies par un texte quelconque aux yeux d'un boucher ou d'un conseiller ignorant. Ils veulent que la réglementation leur serve d'arme contre les bouchers rebelles et les experts dissidents ; elle ne leur donnera point la compétence qui leur manque. Plutôt que de recourir à cette nomenclature, les vétérinaires feraient bien mieux de conserver pour eux seuls leurs secrets, coutumes et procédés empiriques d'inspection. On accuse bien à tort les anticodificateurs parisiens de repousser la codification sous prétexte qu'elle gênerait leur omnipotence d'inspecteur, et les empêcherait de commettre des abus de pouvoir ou d'injustes fantaisies.

C. — Jeannot a pris la question de la codification des saisies par un point fort important, qui élève le débat au-dessus des mesquineries et des minuties. Ses arguments pèseront de quelque poids, si jamais les pouvoirs publics consultent les Sociétés vétérinaires sur l'opportunité des règlements élaborés par les codificateurs. M. Leblanc est plus que jamais l'adversaire d'une nomenclature *fermée* des cas de saisie.

E. — M. Pion reconnaît qu'il n'a jamais combattu la codification mieux que M. Charles, aussi s'empresse-t-il de reprendre ses arguments.

F. — Les codificateurs n'ont pas tous encore assez de pratique, pour bien juger les avantages et les inconvénients de la réglementation. Ils s'illusionnent grandement en pensant trouver dans un code le droit de saisir avec justice. Le livre ne confère point le tact et encore moins la compétence. Il serait amusant de voir la province dicter à la capitale une codification dont celle-ci n'a pas eu l'idée. Ce serait une revanche de la décentralisation. M. Morot, qui a l'apostolat général de l'inspection de boucherie en France, imposerait son nouvel évangile aux édiles de la ville maîtresse ! Pour une fois ce ne serait pas banal.

G. — « Les codes et les règlements ne donneront point ni n'augmenteront les connaissances indispensables ; ils n'éclaireront point le jugement ni ne guideront les consciences ; ils auront, par contre, un résultat bien certain : c'est celui d'affaiblir l'autorité morale de l'inspecteur. » M. Pion s'appuie sur cette opinion de M. Detroye, de Limoges, pour admettre l'inutilité d'une liste indiquant au propriétaire le motif d'une saisie dont il est victime. Un vétérinaire dépourvu de compétence précise abusera de ce texte, tel un juge effaré se servant des pénalités à tort et à travers. Croit-on qu'il suffit de consulter un beau manuel de chirurgie pour devenir chirurgien en quelques jours.

11. — Examen critique des théories de M. Charles anticodificateur

Dans l'*Écho des Sociétés vétérinaires*, en octobre et décembre 1899, M. Ch. Morot démontre par les faits suivants la fragilité du système basé par M. Charles sur le libre arbitre des inspecteurs.

En 1888, le *Journal de la Boucherie de Paris* rapporte sur la foi de M. Blin, facteur aux Halles centrales que, plus d'une fois, il a été saisi en cet établissement des animaux inspectés aux abattoirs de Paris. Dans le même journal, en 1896, M. Marcelin, secrétaire du Syndicat de la boucherie française, proteste acerbement contre la saisie de deux vaches tuberculeuses à Angers, après avoir contrôlé ces opérations sur place; en 1897, il critique l'inspection de cette ville au point de vue du refus sur pied des bêtes en état insuffisant d'embonpoint.

En novembre 1888, les bouchers de Nice prétendent que les saisies pour tuberculose ont un caractère excessif de sévérité. Dans le but de vérifier la valeur de ces plaintes, le Maire demande à la Commission d'hygiène municipale s'il n'y a aucun danger à consommer la viande des animaux, dont l'article 11 de l'arrêté ministériel du 28 juillet 1888 prescrit la saisie. Après discussion, la Commission se prononce en faveur du maintien de l'application de cet article à l'abattoir de Nice. (*L'Eclaireur de Nice*, 1er décembre 1888.)

En juin 1888, un groupe de bouchers de Troyes déclare dans un journal local que les vétérinaires de la ville appelés comme contre-experts n'ont jamais confirmé les saisies de l'inspecteur de l'abattoir (1). En conséquence, il réclame son remplacement « *pour la satisfaction de la boucherie dont les intérêts sont tous les jours lésés et pour la sécurité des consommateurs* ». En septembre 1891, à la suite de vives discussions sur l'abattoir, des bouchers et charcutiers se défendent dans la presse locale d'avoir vendu des produits d'équarrissage; ils prétendent que des viandes estampillées à Troyes ont été saisies à Paris après avoir été expédiées aux Halles centrales. A la séance du 5 octobre 1894, un boucher rapporte au Conseil municipal dont il fait partie, que plusieurs fois des viandes déclarées *mauvaises* à Troyes ont été déclarées *très bonnes* à Paris; il ajoute qu'il ne conteste « ni la science, ni l'honnêteté » de l'inspecteur. (Ce conseiller avait insinué à la séance du 30 juin 1888 que le vétérinaire municipal ne connaissait pas son métier).

Dans le but de saper les fondements de l'inspection, la boucherie troyenne s'est complaisamment étendue sur les viandes

(1) Dans une lettre publiée par le *Petit Républicain de l'Aube*, du 27 septembre 1891, M. Faivre, vétérinaire à Troyes, affirme que dans presque tous les cas, sinon dans tous, il a trouvé les saisies de l'inspecteur amplement motivées.

expédiées de sa ville dans la capitale, reconnues mauvaises à Troyes et bonnes à Paris ou affirmées bonnes à Troyes et mauvaises à Paris, tout en faisant le silence sur celles trouvées mauvaises successivement dans les deux localités. Elle aurait pu ajouter qu'à diverses reprises des viandes venant de Paris ont été saisies à Troyes ou ailleurs (1). Elle s'est bien gardée d'énumérer les nombreuses contre-expertises de complaisance pratiquées en sa faveur par certains vétérinaires locaux. Il eut été périlleux pour elle, comme pour des tiers trop dévoués à ses intérêts, de citer les cas du vétérinaire B... qui certifiait normal un porc parsemé d'ecchymoses multiples, des vétérinaires X... et Y... qui déclaraient consommable un veau pyémique et en certifiaient sains les viscères purulents *qu'ils n'avaient pas même regardés,* du vétérinaire Z... qui délivrait un certificat de salubrité pour tous les abats et quartiers d'une vache atteinte de tuberculose généralisée dont quelques morceaux étaient ensuite présentés à l'abattoir de Troyes, sous une apparence normale grâce à une préparation frauduleuse.

A Lyon, avant la publication de l'arrêté municipal du 28 juillet 1884, les bouchers prétendaient que les saisies de viandes tuberculeuses « *n'étaient pas motivées par la raison d'insalubrité* ». A leur tour, les marchands de bestiaux critiquent ces saisies basées sur l'arrêté ministériel de 1888, qui, d'après eux, ne serait appliqué dans aucune autre ville ; pour marquer leur mécontentement, ils font grève sur le marché de Vaise à la fin d'avril 1890. Le Maire demande aussitôt à de nombreuses municipalités des renseignements sur le chiffre des saisies pour tuberculose et sur l'exécution dudit arrêté ; il apprend que celui-ci est en général peu respecté dans les communes de ses correspondants.

Le 6 juillet 1890, à la Société vétérinaire de Lyon et du Sud-Est, M. Leclerc s'élève contre les inspecteurs qui transgressent cet arrêté malgré sa précision et son manque d'équivoque, en s'abritant derrière leurs convictions scientifiques particulières, et M. Quivogne propose de soumettre la question de l'uniformité

(1) En 1899, à Meaux paraît-il, on a saisi de la vache tuberculeuse auparavant vue et estampillée aux Halles centrales de Paris.

des saisies — en cas de tuberculose — à l'appréciation du Grand Conseil des vétérinaires, à la session de 1890 à Nancy. A la séance du 13 septembre de cette assemblée, il est demandé au nom de la Société vétérinaire du Nord que les inspecteurs prennent des décisions uniformes à l'égard des viandes d'animaux tuberculeux, sans tenir compte de leurs préférences ; en conséquence le Grand Conseil émet le vœu « que M. le Ministre de l'Agriculture donne aux Préfets des instructions claires, précises, qu'on ne puisse plus interpréter et qu'on exécutera partout à la lettre ». D'après M. J. Pollet, ce vœu aurait été émis aussi à la session d'Alger en 1891.

Dans le *Républicain bayonnais* du 28 mars 1889, le vétérinaire titulaire de l'abattoir est accusé d'avoir fait rentrer dans la consommation, à l'insu de son suppléant vétérinaire, une partie de bœuf saisie par ce dernier pour tuberculose.

En 1889, la saisie d'une vache tuberculeuse, à l'abattoir de Pont-Sainte-Maxence (Oise), provoque dans la presse locale une critique regrettable due à deux vétérinaires de la région.

La *Revue de l'Yonne* des 29 novembre et 4 décembre 1892 ridiculise l'enfouissement d'une vache très maigre, sacrifiée par ordre du vétérinaire de l'abattoir d'Avallon pour suspicion de tuberculose non confirmée à l'autopsie.

En 1895, d'après les journaux sénonais, le vétérinaire de service à l'abattoir de Sens autorisait — après épluchage du thorax farci de tubercules — la consommation partielle d'une vache qu'un vétérinaire suppléant avait préalablement saisie en totalité pour tuberculose.

D'après M. E. Thierry (*Nouvelle Revue de Médecine dosimétrique vétérinaire*, mars 1895, pp. 9-11, Déontologie confraternelle), dans un département qui semble être l'Yonne, un vétérinaire accusa un de ses confrères d'avoir indûment toléré la vente d'une vache tuberculeuse. Une enquête démontra qu'il s'agissait d'un ostéosarcome maxillaire, associé à de légères lésions pulmonaires.

Le Spectateur de Langres du 20 novembre 1895 signale un conflit survenu, au sujet de la saisie partielle d'un veau tuberculeux, entre le vétérinaire inspecteur de l'abattoir de cette ville et deux vétérinaires contre-experts.

En 1897, à Nantes, un boucher, qui depuis quelques mois gardait rancune au vétérinaire de l'abattoir de la saisie d'un bœuf tuberculeux, l'accuse *au nom des bouchers consciencieux et des consommateurs*, par deux lettres successives adressées au Maire, de laisser vendre des viandes malsaines. 1° Il écrit que l'inspecteur a accepté une bête « *pleine de fièvre, nuisible pour la consommation* », et demande qu'elle soit expertisée par un vétérinaire compétent ; 2° il écrit que le même a saisi, comme malsaine, la moitié antérieure d'un bœuf tuberculeux avec le poumon et livré la moitié postérieure à la consommation ; il prétend que le bœuf doit se trouver tout bon ou tout mauvais, car, si les devants sont malades, les derrières se trouvent dans le même cas.

M. Abadie, vétérinaire départemental de la Loire-Inférieure, appelé par le Maire à visiter cet animal, reconnut qu'il s'agissait d'un bœuf gras atteint exclusivement de tuberculose thoracique, et déclara que l'inspecteur avait autorisé avec raison la consommation des parties saines, en conformité de l'arrêté ministériel du 28 septembre 1896. Le boucher diffamateur fut, sur la plainte du vétérinaire de l'abattoir, condamné à 30 francs de dommages-intérêts par le Tribunal de la Justice de paix du 1er arrondissement de Nantes.

En août 1899, M. A..., vétérinaire à Guillon (Yonne), engage un de ses clients à récuser un certificat de saisie partielle d'une vache reconnue tuberculeuse à l'abattoir de Troyes, sous prétexte qu'en cas de tuberculose la viande est tuberculeuse en totalité et non en partie seulement.

En 1898, à l'abattoir de B... (Dordogne), à la vue d'une tumeur « prenant naissance au feuillet et pénétrant dans le péritoine » d'une vache abattue comme suspecte de tuberculose, l'inspecteur ordonne la saisie. Puis, se ravisant, il prie le boucher d'inciser la tumeur où il découvre un fragment de fil de fer baignant dans du pus. Reconnaissant alors qu'il n'y avait aucune lésion tuberculeuse, pas plus là qu'ailleurs, il livre l'animal à la consommation.

L'auteur de cette paire d'*impromptus* contradictoires mérite les circonstances atténuantes pour être sorti de l'ornière. Il n'en est pas de même du vétérinaire suivant : dans un abattoir de province, un inspecteur improvisé s'obstina à maintenir une saisie faite sans rime ni raison sur un porc absolument sain, dont les côtes étaient légèrement teintées en rouge. Il répondit à un confrère compétent, présent à l'opération et lui faisant observer que l'animal était consommable : « Pour le principe, il faut bien saisir quelque chose de temps en temps, et, malgré tout, je confisque le porc pour ne pas perdre mon prestige. »

En 1897, à A..., à la suite du débit d'un bœuf surmené, sacrifié par un temps chaud, orageux, et dont la viande s'était assez rapidement corrompue, un vétérinaire d'abattoir et un médecin municipal, propriétaire de l'animal, durent donner leur démission.

Le 3 novembre 1897, au Conseil général de la Seine, M. Jacquemin s'étonne qu'à l'abattoir de la Villette des animaux gravement malades ne soient que partiellement confisqués : « un bœuf atteint de la *gravelle* ne sera saisi qu'à moitié ; un autre aura le foie *pourri* et n'aura de saisi que le foie ; un autre aura les poumons saisis et le cœur qui *tient après* sera livré à la consommation, etc., etc. »

Dans son journal ou dans des publications spéciales, en 1898, le *Syndicat de la Boucherie en gros de Paris* critique vivement les actes suivants, dont certains commerçants auraient pâti : En 1885, un inspecteur est accusé de saisir à tort et à travers des viandes absolument saines. En janvier 1898, deux vétérinaires saisissent à la Villette un mouton et une vache précédemment estampillés par deux autres inspecteurs. En juillet 1898, à la Villette, un bœuf tué sans fièvre à la suite d'une fracture lombaire, reconnu sain et estampillé le matin par deux vétérinaires, est consigné dans l'après-midi par un troisième qui le livre tardivement à la vente. En 1898, une vache abattue comme suspecte de fièvre à Gentilly, où elle est estampillée par un vétérinaire sanitaire, est saisie ensuite comme *fiévreuse* aux Halles centrales. La même année, à l'abattoir de Levallois-Perret, un vétérinaire saisit douze veaux étiques et trop jeunes ; le boucher ayant protesté, le chef de ce service ne maintient la saisie que pour cinq de ces animaux.

Ce n'est pas seulement dans leurs réunions spéciales que les Chambres syndicales de la boucherie en gros, de la boucherie de détail, de la triperie, de la charcuterie, des commissionnaires en bestiaux et de l'Union des Syndicats de l'alimentation de Paris émettant des plaintes sur les motifs *injustifiés* des confiscations, les saisies *intempestives*, les sévérités *exagérées*, les nombreuses *erreurs* et les *contradictions* des vétérinaires sanitaires parisiens. Elles les transmettent aussi à diverses associations agricoles, notamment à la Société des Agriculteurs de France le 5 mars 1898, à M. le Ministre de l'Agriculture le 20 avril 1899, aux journaux politiques (*République française* du 24 mai 1899), etc.

Le commerce des bestiaux et de la boucherie formule des accusations de ce genre dans ses réunions, dans ses journaux, circulaires et brochures spéciales : « Les inspecteurs vétérinaires sanitaires des abattoirs parisiens s'arrogent le droit de saisir totalement ou partiellement des viandes qui leur paraissent impropres à la consommation, *alors que très souvent ces viandes sont parfaitement salubres*. Il leur arrive fréquemment de se trouver en contradiction dans leurs opérations quotidiennes. Souvent la viande et les abats, *reconnus sains par les uns* dans la matinée, *sont saisis par les autres* dans l'après-midi. » (Mars 1898).

Ces protestations ont été ainsi appréciées par les pseudonymes Lapoigne, Macello et Quiririu.

« *Lapoigne* qualifie de billevesées la plupart des accusations portées contre les vétérinaires sanitaires de la Seine. On n'agit point arbitrairement, dit-il en substance, en faisant des saisies par application des lois du 27 mars 1851 et du 21 juillet 1881, des arrêtés ministériels du 28 juillet 1888 et du 28 septembre 1896. Ces prescriptions doivent être respectées tant qu'elles sont en vigueur. Si elles méritent de tomber en désuétude, il faut les remplacer et non les maintenir pour les violer à la journée. » (1898).

Lapoigne. « On prétend que les inspecteurs parisiens saisissent très souvent des viandes qui sont parfaitement salubres. Où sont les bases de cette déclaration ? Je les cherche, mais je ne les vois point. Toutefois, la Préfecture de police aurait pu réduire ces accusations à leur plus simple expression en établissant une réglementation des motifs de saisie pour Paris et la Seine, en attendant qu'il y en ait une pour toute la France... à Pâques ou à la Trinité. Il n'est pas admissible que la capitale de la France reste plus longtemps sans se mettre au diapason des petites bourgades, ayant une liste des motifs de saisie pour leurs abattoirs à l'instar de Lyon, Marseille, Toulouse, Nantes, etc. Mais aussi pourquoi n'a-t-elle pas commencé, au lieu de se laisser devancer dans cette affaire ! Quand on n'a pas su se mettre à la tête d'un bon mouvement, il faut le suivre coûte que coûte. J'espère qu'on le comprendra à Paris, au lieu de laisser supposer un amour-propre mal placé. » (1898).

Macello. « D'après M. Garnier, des saisies évitables auraient été pratiquées. C'est fort possible, mais que ceux qui ne se sont jamais trompés dans une profession quelconque jettent la première pierre aux coupables, certainement excusables la plupart du temps. En tout cas, les erreurs contraires ont été plus fréquentes et on a dû bien souvent laisser passer des viandes qu'on aurait pu saisir. Pourquoi ? dira-t-on. Parce qu'il manquait une réglementation pouvant servir d'appui ; parce que l'état des chairs, notamment des viandes foraines, était douteux et que les doutes, au lieu de profiter au consommateur, ont été mis au bénéfice des propriétaires. Les agents sanitaires n'arriveront à être impeccables, en pareille matière, que lorsque l'inspection sera complète et minutieuse avant et après l'abatage de tous les animaux, qu'elle sera pratiquée par des inspecteurs connaissant leur métier et que les motifs de saisie seront déterminés par un règlement général en vigueur dans toute la France. » (1898).

Quiririn. « Paris manque d'une réglementation spéciale des motifs de saisie. Il y a là une certaine difficulté pour la pratique de la contre-expertise. Sur quoi se baseraient en effet les contre-experts réclamés par les syndicats pour se prononcer sur la validité des saisies protestées, en dehors des cas prévus par la loi sanitaire et divers arrêtés ministériels. » (1899).

* * *

En conséquence de ce qui vient d'être exposé, il faut attribuer aux causes suivantes la faiblesse des services d'inspection en matière de saisies : Imperfection des connaissances spéciales de certains inspecteurs ; ignorance ou déloyauté de certains contre-experts ; mauvais vouloir de certaines municipalités inconscientes des droits de l'hygiène ou disposées à mesuser de leur omnipotence pour réduire les saisies au minimum, voire même à zéro ; opposition souvent systématique et toujours acharnée des mauvais bouchers ou charcutiers.

Nul vétérinaire inspecteur pratiquant avec conscience et compétence, à Paris ou en province, n'est à l'abri des calomnies de certains commerçants irrités d'une sévérité nécessaire. Il importe que tous les inspecteurs aient la possibilité de se défendre, contre les mensonges de trop de personnes intéressées à la faiblesse des services sanitaires. Ils ne trouveront des armes à cet effet que dans la réglementation uniforme des motifs de saisie. J'espère que nos confrères, traînés sur la claie par le clan des mécontents, comprendront l'excellence de cette tactique et s'occuperont d'en obtenir les bons résultats, c'est-à-dire la condamnation, puis le silence des calomniateurs.

La présence de M. Veyssière, de Rouen, n'est rien moins que surprenante parmi les partisans de M. H. Charles. En effet, en 1888, au premier Congrès de la Tuberculose, M. Veyssière s'exprimait dans les termes suivants, diamétralement opposés à l'opinion qu'il aurait actuellement. « Il faut qu'en matière de saisie, la conduite des inspecteurs soit également tracée ; que leur manière de faire soit partout la même ; qu'il n'y ait pas là une tolérance aveugle, ailleurs une sévérité excessive. Il ne faut pas, en un mot, que les inspecteurs ne relèvent que de leur appréciation et de leur conscience, mais bien des règlements sanitaires qui seuls imposeront cette uniformité de vues et de suite, indispensable à tout service important, comme doivent l'être ceux qui intéressent l'hygiène et la salubrité publique. »

12. — Les sommités du parti anticodificateur

Dans le *Progrès vétérinaire* du 24 décembre 1899, X... reproche à M. Charles d'avoir exagéré le nombre des anticodificateurs, et d'avoir insinué que le parti contraire ne comptait pas de confrères haut cotés dans le cadre professionnel. Dans l'*Echo des*

Sociétés vétérinaires de décembre 1899, M. Charles déclare que c'est sans intention blessante qu'il a exclu les codificateurs de l'élite vétérinaire. Il prétend que dans les discussions des confrères ont manqué d'égard envers MM. Baillet et Villain, qui sont les maîtres des inspecteurs de la génération actuelle, c'est-à-dire le véritable état-major, l'élite en un mot de l'inspection de boucherie.

Dans le *Progrès vétérinaire* du 11 février 1900, X... estime qu'il a le droit d'avoir et de défendre une opinion autre que celle des maîtres de l'inspection de boucherie. M. Baillet — on est toujours le fils de quelqu'un — a eu des ancêtres scientifiques, notamment Delafond, Soumille, Ch. Pierre, Reynal et Van Hertsen. M. Villain, pourvu de la même généalogie professionnelle, a eu, en outre, l'avantage d'être tenu sur les fonds baptismaux des Halles Centrales par le vétérinaire inspecteur principal Cordonnier et par les anciens inspecteurs praticiens de Paris, dont quelques-uns possédaient des connaissances empiriques remarquables. Personne n'accusera MM. Baillet et Villain d'avoir manqué d'égards envers leurs auteurs, en améliorant le legs des connaissances scientifiques et pratiques de leurs devanciers, en se trouvant en contradiction avec leurs initiateurs. On ne saurait non plus leur reconnaître le droit de dire à leurs élèves : « Vous n'irez pas plus loin ! » On s'incline devant les maîtres non à cause de leur qualité, mais parce qu'ils enseignent la vérité. Il ne suffit pas à M. Charles de donner des noms quand on lui demande des arguments. Un inspecteur très fort, faisant bien son service, peut se tromper en matière de réglementation; ce cas se présente aussi bien pour MM. Baillet et Villain que pour d'autres. Les codificateurs n'éprouvent aucun attrait pour le *statu quo*, que les admirateurs exclusifs du passé veulent imposer à l'inspection moderne. Ils sont partisans du déplacement successif des colonnes d'Hercule : il ne leur déplaît point de voir des esprits aventureux rêver à des découvertes scientifiques, insoupçonnées des maîtres du jour, ou projeter des modifications administratives en désaccord avec les errements du présent, auxquels se cramponnent des esprits par trop conservateurs. Ils ne songent nullement à accuser Christophe Colomb d'avoir, en découvrant l'Amérique, manqué d'égards envers les géographes autorisés de son temps, qui paraissent avoir eu l'estime de leurs contemporains.

13. — Les différences de la réglementation et de la codification d'après M. Charles

Dans l'*Echo des Sociétés vétérinaires* de janvier 1900, M. Charles se montre presque en voie de résipiscence.

Résumé. La réglementation des motifs de saisie est l'objet d'une équivoque non imputable à ses adversaires et qui, à l'origine, a divisé les opinions à son sujet. Des deux mots *codification* et *réglementation* bien différents l'un de l'autre, le premier doit être rejeté comme exprimant un acte sanctionné par les pouvoirs publics et le second peut être admis, parce qu'il permet aux vétérinaires-inspecteurs d'être *leurs propres et communs codificateurs*. Les *anticodificateurs* consentiront certainement à faire amende honorable sur le terrain essentiellement et exclusivement vétérinaire de la *réglementation*.

Le syndicat des inspecteurs de boucherie, qui vient d'inscrire cette question dans son programme sous cette dernière dénomination, pourrait lui-même arrêter cette réglementation en se bornant aux grandes lignes, en évitant de tomber dans les détails d'interprétations, sources inévitables et fécondes de contradictions et de contestations. Quand les inspecteurs se seront entendus de la même façon pour chaque cas exactement défini, l'inspection de boucherie deviendra surtout elle-même et prendra sa règle d'elle-même sans la recevoir de personne. Ils feront alors facilement accepter cet accord par les municipalités dont ils dépendent, et leurs décisions prévaudront contre les protestations des bouchers ou des éleveurs. Ils pourront ainsi appliquer sans faiblesse ce règlement qu'ils auront fait sévère.

Cette future réglementation devrait restreindre, dans des limites aussi étroites que possible, l'usage scandaleusement toléré des viandes tuberculeuses à un degré quelconque. Il resterait au syndicat la tâche d'arriver, avec le temps et le concours de l'opinion publique, à rejeter complètement les distinctions subtiles de tuberculose généralisée ou localisée qui asservissent aujourd'hui, sous un certain couvert de légalité, l'intérêt général à des intérêts particuliers. Dans le prochain rapport de M. Ch. Morot au Congrès, le mot *codification* qui divise devrait être remplacé par le terme *réglementation* qui rapproche.

* * *

Je félicite M. Charles d'avoir fait un pas vers le camp opposé à celui dont le mot d'ordre part de Bordeaux. Sa demi-conversion ne donnera qu'un résultat négatif, car on n'amènera jamais tous les inspecteurs syndiqués à venir en une assemblée générale, sorte de congrès, donner leur avis sur un ou plusieurs cas de saisie. L'hypothèse invraisemblable de l'unanimité des suffrages sur de pareils sujets ne serait d'ailleurs réalisable, du côté des partisans du libre arbitre, que si elle entraînait la tolérance des inspecteurs. En effet, la plupart des membres du parti dont M. Baillet est *le leader*, veulent des saisies pour ainsi dire indolentes, sans compter qu'ils font mine de récuser les injonctions d'un congrès relatives aux confiscations. D'autre part, les codificateurs repousseraient certainement le règlement corporatif voté par la totalité (un mythe) ou la majorité du syndicat, car ce code succomberait fatalement dès les premières critiques des dissidents, au cas même où il ne serait pas mort en naissant. Ils ne rejettent point pour cela le concours de tous les inspecteurs ; ils le réclament, au contraire, sous forme de *referendum* combiné à l'élaboration d'une réglementation gouvernementale par une Commission technique opérant au nom de l'Etat. Ils se garderaient d'imposer, préalablement à leur acceptation de ce code sanitaire, une condition *sine qua non* portant sur les degrés de tolérance ou de rigueur, et ils exécuteraient fidèlement les prescriptions réglementaires sans pour cela renoncer à leurs propres convictions susceptibles d'être en opposition avec la ligne tracée.

14. — Les arguments de Pentastome contre les anticodificateurs (Résumé)

Dans le *Progrès vétérinaire* du 22 avril 1900, Pentastome, un confrère pseudonyme, démontre que les fleurs de rhétorique et les effets de style du rédacteur de la *Semaine vétérinaire* ne remplacent pas de bonnes raisons.

M. Pion réclame le libre arbitre des inspecteurs et l'indépendance des municipalités en matière de saisies, pour que les pays dédaigneux des viandes *grasses* ou *faites* aient la faculté de se nourrir, à leur guise, de chair d'animaux exclus ailleurs comme squelettiques ou non arrivés à maturité. En le supposant engagé, par quelques faits exacts, à porter la question de l'autonomie communale sur ce terrain nouveau, jusqu'alors ignoré des mandateures du suffrage universel, croit-il que les villes du Nord ou du Midi invoquées à l'appui de sa thèse, soient des phalanstères où chacun est tenu de manifester le même goût et la même appétence, de manger par ordre le maigre ou le gras, selon ce qui plaît à la majorité des habitants? Ces localités peuvent recevoir des convois d'étrangers de tous genres, ayant d'autres habitudes de cuisine ou de table que les indigènes. M. Pion voudra-t-il que les immatriculés des circonscriptions de la viande persillée ou mûre se plient aux exigences des circonscriptions de la vache étique ou du veau à peine né? Semblable prétention ne serait guère démocratique pour un journaliste combattant les basses boucheries au nom de la démocratie.

M. Pion accuse mal à propos la réglementation des motifs de saisie d'être une mesure *arbitraire* par certains côtés. En effet, d'après Larousse, ce qualificatif signifie : « *qui dépend de la seule volonté*; *despotique* ». Il peut s'appliquer à la puissance illimitée de l'inspecteur autocrate rendant ses arrêts, d'après sa science non dosée en un codex mis à la disposition du public et d'après sa conscience non titrée avec une analyse à consulter par les assujettis. Le libéralisme se trouve au contraire chez les partisans des arrêts rendus conformément à un code, à des règles connues, et non suivant des principes mystérieux qu'on n'oes ou qu'on ne peut énoncer. Pourquoi récuser les opinions de MM. Brouardel et Trasbot, comme émanant de personnes étrangères à l'inspection, et admettre celles de MM. Charles, Leblanc et Sanson placés dans les mêmes conditions? Hors de pair comme zootechnicien, M. Sanson peut-il être pareillement classé en inspection, même avec son article : *Viande* du Nouveau Dictionnaire vétérinaire.

M. Pion affirme qu'une liste des motifs de saisie ne donnera pas la compétence aux inspecteurs incompétents. On s'en doutait bien un peu, car c'est là une vérité de M. de La Palisse. En tout cas, la nomenclature précitée n'augmentera point leur incompétence. D'ailleurs, à l'égard de la réglementation, qu'est-ce que prouvent les assertions de M. Pion ? rien, sinon qu'il doit être nommé des inspecteurs compétents. Mais c'est ce que tout le monde réclame, sauf les titulaires intéressés s'ils sont conscients de leur insuffisance.

Le conseil donné aux inspecteurs par MM. Pion et Baillet de garder pour eux seuls leurs procédés empiriques, pour ne pas se créer de concurrents surtout parmi les médecins, s'accorde-t-il bien avec la dignité professionnelle et ne tend-il pas à nous descendre au rang des magiciens d'antan ? En tout cas, il détonne singulièrement sous la plume d'un conférencier, initiant de futurs médecins à la connaissance des altérations des viandes. M. Pion, qui fait si peu de cas des aptitudes des vétérinaires d'abattoirs de province, s'écarte bien de la logique en s'appuyant principalement sur la compétence d'un confrère qui fut peut-être inspecteur à Abbeville. Quel singulier spectacle aussi que de voir des spécialistes autorisés tirer sur la codification, en s'abritant derrière des confrères qui n'ont jamais vu des viandes... que de très loin ! Imbus d'un esprit conservateur, voire même routinier, et convaincus d'être les seuls à garder l'unique vérité, ces inspecteurs négligent de se tenir au courant de ce qui se fait autour d'eux, auprès comme au loin, et se posent en adversaires de toute innovation réglementaire. Telle est la cause de cette grosse confusion, volontaire souvent, qu'ils commettent en prenant la réglementation des motifs de saisie pour une manière d'enseignement technique à l'usage des collègues inexpérimentés.

15. — Les opinions d'un anticodificateur partisan de la sévérité (Résumé)

Dans le *Progrès vétérinaire* des 8, 15, 21 et 29 avril 1900, un vétérinaire anonyme, M. H. ., exprime sur la réglementation des motifs de saisie des vues dont voici le résumé.

La réglementation simplifierait bien la besogne, car il ne resterait plus aux vétérinaires qu'à refuser les viandes en présence d'une maladie franchement déterminée. Néanmoins, cette forme de dictionnaire scientifique ne servirait qu'à en imposer aux profanes et ne remplacerait pas le technicien. Elle aurait, de plus, l'inconvénient de laisser échapper à la sanction sanitaire les cas non prévus dans la liste réglementaire. Avec ses connaissances suffisantes pour peser le pour et le contre, l'inspecteur doit saisir d'après son libre arbitre ; cela le distingue des empiriques et lui fait plus d'honneur. L'idée de soumettre la réglementation des saisies à la discussion du Congrès de 1900 est bonne en elle-même, mais d'une application difficile. Une question aussi importante ne peut être avantageusement traitée dans une réunion de ce genre, parce que la plupart des congressistes ne seront pas préparés à la discuter sérieusement. Elle serait plutôt du ressort du Syndicat des vétérinaires inspecteurs de boucherie, et une discussion préparatoire à la tribune libre des journaux ne peut avoir qu'un excellent résultat.

M. H... donne lui-même des arguments en faveur de la codification dont il est l'adversaire, quand il rapporte le fait suivant : A l'abattoir public de X..., sur un bœuf sacrifié après avoir été renversé et piétiné en wagon, tout un côté du corps se montre infiltré de sang et de sérosité. Le vétérinaire-inspecteur décide de faire enfouir cette partie altérée et de n'accepter que l'autre moitié. Sur l'initiative du boucher qui proteste contre cette décision, un vétérinaire de la localité vient déclarer par écrit que la viande en litige, « sans être de première qualité, n'est pas malsaine et peut être consommée ». Après cette expertise, qui fut précédée d'épisodes plutôt grotesques, le boucher enleva son bœuf de l'abattoir et assigna le maire en référé devant le tribunal civil, réclamant à la ville 500 francs de dommages-intérêts pour séquestration illégale de l'animal et perte de sa viande. Il fut débouté de sa demande et condamné aux frais.

Contrairement à ce qui s'observe généralement chez les anticodificateurs, M. H... est un partisan des étaux de basse boucherie et demande plus de sévérité à l'égard de certaines viandes d'animaux malades, des bêtes tuberculeuses par exemple. Voici un résumé des opinions manifestées par lui à ce sujet :

« Sans s'en douter, sous l'ascendant du boucher et du client à ménager, afin de sauvegarder leur amour-propre médical, beaucoup de vétérinaires donnent pour des animaux malades traités pendant 8 ou 15 jours, amaigris, soit pour d'autres plus ou moins prêts à mourir, des permis de vente sans restriction sous forme d'estampilles ou de certificats indiquant que la viande peut être livrée sans danger à la consommation publique. Il faudrait au moins que ces animaux sinon malsains, du moins dépréciés, fussent débités (après saisie partielle) dans des étaux de basse boucherie sous une surveillance sévère comme en Allemagne ; avec ce système, les bouchers ne vendraient que des animaux les uns complètement sains, les autres non dépréciés, quoique porteurs de quelques lésions viscérales chroniques ou parasitaires n'entraînant qu'une saisie partielle des organes atteints. De cette façon, l'indication de la saisie totale pourrait être ainsi formulée dans les règlements municipaux : *La saisie totale s'applique « en général à tous les animaux atteints de maladie pouvant donner aux viandes des propriétés nuisibles* ».

Un arrêté ministériel ayant force de loi réglemente les saisies pour tuberculose. Les inspecteurs n'ont qu'à s'y conformer après interprétation du texte. Dans la pratique, il ne leur est pas toujours aisé « de rester en équilibre sur le versant rapide séparant la saisie totale de la saisie partielle ». Des arrêtés préfectoraux complémentaires viennent encore circonscrire ces saisies dans un dédale de mesures souvent contradictoires. Ces prescriptions n'ont été établies qu'en vue de contenter tout le monde ; elles ne sont qu'une concession faite par le Ministre de l'Agriculture aux intérêts agricoles et souvent plus profitable aux intermédiaires qu'aux véritables intéressés. Ce compromis officiel laisse croire aux éleveurs que les viandes des animaux tuberculeux sont peu ou pas dangereuses, puisque dans beaucoup de cas il en autorise le débit pour l'alimentation, et que cette vente a lieu sans avis à l'acheteur, sans aucune distinction et concurremment avec les chairs des animaux sains. Les cultivateurs s'appuient sur cet état de choses, pour ne pas admettre que des viandes très belles d'animaux tuberculeux puissent renfermer des germes nuisibles à la santé des consommateurs, et pour prétendre qu'elles sont fort bonnes. Il en résulte que les saisies totales sont bien difficiles à pratiquer, car les inspecteurs se trouvent souvent à la merci d'éleveurs qui les menacent de leur intenter une action en dommages-intérêts, pour saisie illégale de bêtes tuberculeuses. La réglementation de 1896 ne répond pas à toutes les exigences de la science et se base trop sur des sentimentalités chimériques. Il vaudrait mieux « déclarer les viandes tuberculeuses mauvaises en général, n'accepter que celles des animaux présentant des lésions très légères, et forcer les détenteurs de ces viandes à les faire passer à l'étuve avant la consommation ».

16. — M. Villain partisan et adversaire de la réglementation
(Nouvel article, 1900)

Dans son opuscule *Les viandes insalubres*, publié au commencement de 1900, M. Villain a fait de sa lettre de la *Presse vétérinaire* du 31 juillet 1898, le premier chapitre intitulé : *Réglementation des motifs des saisies.* Il s'est contenté d'ajouter : 1° à la fin du chapitre un alinéa où il déclare que les attaques violentes, dont sa lettre a été l'objet, prouvent que sa cause n'est pas aussi mauvaise qu'on l'a dit ; 2° un autre alinéa où il s'exprime ainsi : « J'ai cru utile de réunir mes notes et de donner, en quelques mots, les signes pratiques qui m'ont permis jusqu'ici d'établir *sans conteste* l'insalubrité des viandes. *Voilà le véritable règlement* ».

Dans sa préface, M. Villain admet avec M. Leblanc (Académie de médecine, 4 juin 1895) qu'il est impossible d'établir, comme dans la loi sanitaire de 1881, une nomenclature *complète*, une nomenclature *fermée* des maladies rendant les viandes impropres à la consommation. Il n'a pas la prétention de fixer le cadre des altérations motivant la saisie des viandes, sous forme de règlement ou de codification. Il se borne à tracer le devoir des inspecteurs dans les lignes suivantes : « En dehors des maladies contagieuses inscrites dans la loi sanitaire, des affections transmissibles à l'homme pour lesquelles aucun doute n'est possible, des animaux crevés, des viandes corrompues, des animaux trop jeunes, on peut dire que l'inspection des viandes se résume dans ces mots : *Refuser quand la maladie a laissé dans les tissus des lésions ou des modifications notables. Tout est là* ».

M. Villain étale ensuite sa conception de l'inutilité d'une codification sur les lignes suivantes de M. Leblanc (Académie de médecine, 4 juin 1895) : « Il n'est pas nécessaire, pour qu'une viande soit malsaine et dangereuse, qu'elle provienne d'un animal malade. Il suffit que cette viande soit mal préparée, soumise à une température élevée, ou qu'elle ait subi un long transport pour qu'elle se corrompe. Le veau jeune, le mouton hydroémique, le bœuf ou le cheval étiques, ne sont pas, à proprement dire, des maladies ; leur viande n'en doit pas moins être prohibée. On ne peut donc établir une nomenclature complète. C'est à l'inspecteur de boucherie qu'il appartient de connaître les qualités que doit présenter une viande pour être livrée à la consommation, c'est à lui à savoir les causes multiples qui doivent motiver la saisie ».

En disant que pour saisir il faut des lésions notables, M. Villain oublie que ce qui est notable pour les uns ne l'est pas pour les autres, et qu'il manque une restriction à son aphorisme. De la communication de M. Leblanc à l'Académie de médecine, il tire des conclusions que le texte même ne saurait comporter. On n'est pas anticodificateur parce qu'on repousse une nomenclature *fermée ;* cela est tellement vrai que la plupart, sinon la totalité des codificateurs, ne réclament qu'une liste *ouverte* comme l'est, du reste, celle de la loi sanitaire de 1881. En vertu de l'article 2, la nomenclature de l'article 1er de cette loi est susceptible d'allongement, les arrêtés ministériels du 28 juillet 1888 et du 28 septembre 1896 en font foi.

Je partage absolument l'avis de M. Villain quand il répète, avec M. Leblanc, que « c'est à l'inspecteur de boucherie à savoir les causes multiples qui doivent motiver la saisie ». Mais il ne suffit point à un inspecteur d'être à même de connaître les motifs de saisie ; il faut, en outre, qu'il ait l'idée de saisir et qu'il mette cette idée à exécution. La codification a pour but d'imposer cette opération non seulement à ceux qui constateraient sciemment des cas de saisie sans saisir, mais encore qui ne songeraient pas à reconnaître ce qui doit être rejeté et encore moins à le rebuter.

M. Villain est d'avis que l'inspecteur n'aille pas contre le goût du public. De quel public s'agit-il ? Des acheteurs ou des vendeurs ? Généralement quand les premiers vont à *dia*, les seconds tirent à *hue*. Est-ce au désir du consommateur ou à celui du boucher et de l'éleveur qu'obéit un inspecteur, en laissant consommer certaines viandes que des collègues déclarent mauvaises ? Pour être fixé à ce sujet, il suffirait de dire au public venant acheter de la viande *normale* dans les boucheries : « Voulez-vous ce filet de taureau surmené, cette côtelette de porc ladre ou ce bifteck de bœuf tuberculeux ? C'est très demandé par les consommateurs. » Les acheteurs laisseraient alors promptement ces denrées pour compte aux bouchers, sans compter que les restaurateurs verraient fondre leur clientèle à vue d'œil si la *carte* portait des révélations analogues. Si les consommateurs exprimaient leurs *desiderata* et s'il résultait de ce *referendum* une sorte d'indication des motifs de saisie, bien des partisans du soi-disant goût populaire s'apercevraient que le public a d'autres désirs que ceux qu'ils lui supposent sans l'avoir consulté.

Après la lecture de la préface et du premier chapitre de M. Villain, on se trouve très embarrassé pour prendre une conclusion ferme sur les idées de l'auteur. En effet, on est amené tout naturellement à se poser la question suivante : M. Villain est-il pour ou contre la codification ? L'auteur prétend qu'il est impossible de décrire convenablement tous les motifs de saisie et que la pratique seule peut les indiquer. Il aurait dû se souvenir de ces deux vers de Boileau avant d'émettre une telle assertion :

Ce que l'on conçoit bien s'énonce clairement
Et les mots pour le dire arrivent aisément !

Une saisie, dont on ne peut donner la justification par écrit, est-elle une opération regulière ? Je ne le crois pas. J'estime, au contraire, qu'elle constitue un abus de pouvoir ou un acte de pure fantaisie inexcusable pour un inspecteur-vetérinaire. En 1872, M Goubaux a demandé à plusieurs inspecteurs praticiens de la boucherie de Paris, à quels caractères ils reconnaissaient le défaut d'âge des veaux saisis par eux comme trop jeunes. Il a déclaré n'avoir jamais pu obtenir d'autre réponse que celle-ci ; « *Vous savez, cela n'est pas difficile ; cela se reconnaît facilement* » (1). Qu'aurait dit l'ancien directeur d'Alfort, s'il s'était avisé plus tard de poser des questions analogues à des vétérinaires des Halles ou des abattoirs, et si ces vétérinaires lui avaient expliqué leurs saisies d'une aussi pitoyable façon !

En résumé, M. Villain a cherché à culbuter la codification; et il n'a réussi qu'à faire le procès des inspecteurs peu ou pas au courant du métier. La réglementation des motifs de saisie sort indemne de son attaque ; celle-ci n'atteint au fond que les vétérinaires d'abattoirs manquant de pratique et de doigté. M. Villain reconnaît pourtant que la codification a du bon quand il émet la réflexion suivante, à propos des affections charbonneuses, de la rage, de la tuberculose et de la morve : « La loi sanitaire définit la ligne de conduite que l'inspecteur doit suivre à l'égard de ces maladies ; donc nul ennui. » M. Villain, anticodificateur, se laisse encore pincer en flagrant délit d'approbation de la codification officielle quand il déclare « *sages, rigoureuses sans doute, mais utiles* », l'énumération des motifs de refus des chevaux de boucherie à Paris, renfermée dans l'article 8 de l'ordonnance de police du 9 juin 1866.

Une profession de foi, que ne renierait pas un codificateur endurci en veine d'affirmer sa tendresse pour la codification, se trouve dans les lignes suivantes terminant l'opuscule de M. Villain : « J'ai terminé cet essai de réglementation. Ce sont plutôt des considérations générales sur les principaux motifs de saisie que j'ai étudiés. Ce sont mes observations, celles de mes collègues de l'inspection de Paris que j'ai résumées aussi succinctement que possible. Elles ont été puisées aux sources vives de la pratique, contrôlées sévèrement ; elles sont indestructibles comme toutes les choses bien vues ».

« M. Villain n'est pas si intransigeant que les codificateurs veulent le faire croire ». Je partage cette appréciation émise par M. Pion le 11 février 1900, mais sur un point seulement.

(1) J'ai connu à Paris, de 1881 à 1884, des inspecteurs praticiens connaissant leur métier, qui auraient parfaitement exposé comment ils reconnaissaient les veaux trop jeunes.

M. Villain ne se déclare franchement ni pour ni contre la réglementation. Entre les deux, son cœur balance. Il se montre tantôt chair et tantôt poisson. Il reconnaît bien l'utilité de la codification, mais on dirait que celle-ci l'effraie et qu'il craint de s'y perdre. Sa tactique est ondoyante et fragile : tantôt il lâche la réglementation avec désinvolture, tantôt il la serre... un peu fort. Finira-t-il par évoluer définitivement vers la codification, où le porte sa grande expérience des choses de l'inspection et dont l'éloigne quelque malentendu peut-être inexpliqué, mais certainement explicable ? *That is the question.* Il importe de ne pas laisser passer le moment psychologique de cette évolution. Quand le libre arbitre en inspection est complètement miné malgré les coups d'épaule de Bordeaux et de Rouen, à quoi bon attendre plus longtemps pour faire une conversion qui ne surprendrait personne !

17. — M. Laquerrière demande des listes ouvertes, courtes et simples, 1900

Dans le *Répertoire vétérinaire* du 15 février 1900, M. Laquerrière déclare adopter les opinions de M. Villain sur la question. Il croit que la codification des motifs de saisie est peut-être appelée à rendre des services au point de vue administratif. Il ne désire qu'une nomenclature *ouverte* des principaux motifs de saisie, une nomenclature faite tout simplement et sans trop de recherches, propre à satisfaire tout le monde. Il ne faut pas qu'on fatigue inutilement les administrations municipales par une liste interminable des motifs trop savamment et trop longuement énumérés.

A la Société des sciences vétérinaires de Lyon, le 25 mars 1900, M. Morot démontre que les listes interminables repoussées par M. Laquerrière sont parfois établies par les municipalités, sur la demande des commerçants intéressés. Ce fait s'est présenté à Troyes, où le Règlement de l'Abattoir du 29 décembre 1894 a été surchargé de détails sur les saisies totales et partielles pour fièvre aphteuse, à la suite d'une réclamation des charcutiers (art. 68). Il a été signalé dans beaucoup de communes, après qu'en août 1898 1,500 maires de France eurent reçu, du *Syndicat général de la Charcuterie française*, une lettre les priant d'indiquer les mesures prises par eux contre les porcs ladres avant et après l'abatage. Parmi les 334 municipalités qui répondirent à cet appel, un grand nombre communiquèrent des prescriptions réglementaires très détaillées, en ce qui concerne la ladrerie du porc.

En février 1900, dans une lettre adressée à plusieurs municipalités françaises, le Maire de Nîmes se montrait véritablement amateur d'une réglementation détaillée en posant les questions suivantes, sur la manière d'agir relative aux porcs ladres, notamment sur les conditions d'application de la saisie à ces animaux : « 1° Tolérez-vous un certain nombre de cysticerques, et quel est ce nombre ? 2° La saisie porte-t-elle sur l'animal tout entier ? 3° Porte-t-elle sur les parties charnues seulement ? 4° Dans ce cas, comment traitez-vous les lards et les graisses ? 5° Dans le cas de non saisie, par suite du petit nombre de grains, quelle préparation exigez-vous qu'on fasse subir aux parties charnues avant de les livrer à la consommation ? 6° Dans le cas de saisie complète, autorisez-vous l'utilisation des parties charnues par les propriétaires, et dans ces cas, à quel traitement soumettez-vous les viandes avant de les leur livrer ? »

Beaucoup de municipalités n'ont donc point l'état d'âme signalé par M. Laquerrière, en ce qui concerne les nomenclatures des saisies. Elles ne sauraient se contenter des courtes indications insérées à ce sujet dans une foule de règlements insuffisants, encore en vigueur dans divers abattoirs publics. Il leur faut autre chose que les brèves prescriptions imposées par M. L. Baillet, de Bordeaux, au nom du Conseil d'hygiène et de salubrité de la Gironde, aux tueries suivantes de ce département, objets de rapports pour demande d'autorisation (1).

A. Tuerie de porcs à Talence, 13 septembre 1893. « 5° Il ne sera abattu aucun porc ladre ou atteint de *toute autre maladie* rendant la viande impropre à la consommation ».

B. Abattoir privé à Bègles, 19 décembre 1894. « 6° Il est défendu d'abattre des porcs ladres ou atteints *d'une maladie susceptible* de nuire à la salubrité de la viande ».

(1) Ces prescriptions manquent dans les autorisations accordées aux mêmes époques à plusieurs tueries de la Gironde.

C. Tuerie de porcs au Bouscat, 12 décembre 1894. « 1° Il ne sera abattu que des porcs exempts de *toute maladie*, susceptible de communiquer à la viande des propriétés nuisibles à la santé des consommateurs ».

18. — La réglementation des saisies devant la Société des sciences vétérinaires de Lyon, 25 mars 1900. Argumentation de M. Morot (Résumé.)

Les adversaires de la réglementation des motifs de saisie prétendent qu'elle est incompatible avec la dignité professionnelle, qu'elle fait de nous des bambins tenus en lisières, ou de véritables machines administratives, alors que chaque inspecteur, devant savoir son métier, pourrait convenablement agir d'après ses propres connaissances. Ce sont là des mots et non point des raisons. Un inspecteur qui applique les articles d'un règlement de saisies, d'un Code alimentaire, n'est pas plus atteint dans sa dignité professionnelle que les juges tenus de conformer leurs arrêts aux articles du Code civil et du Code pénal. que les officiers obligés d'évoluer dans la limite des règlements militaires Serions-nous plus susceptibles que nos magistrats ou que les chefs de notre armée? Je n'en vois pas la nécessité.

Des adversaires de la codification des motifs de saisie admettent l'impossibilité d'imposer une règle de conduite aux vétérinaires, sous prétexte que tous ceux-ci sont égaux scientifiquement et ont appris, tant par l'étude que par la pratique, à discerner ce qui est bon de ce qui est mauvais. Voilà comment s'expriment des auteurs de traités d'inspection des viandes et des partisans de la nomination des inspecteurs après concours! S'il en est ainsi, pourquoi adoptent-ils des procédés de sélection des candidats et préparent-ils des manuels professionnels, alors qu'il suffirait de pêcher des titulaires dans le tas, au hasard, et de leur recommander de s'en tenir à leurs connaissances acquises dans les traités de pathologie? On conviendra que ces opinions sont bien difficiles à concilier. D'un autre côté, quoi qu'en disent ces égalitaires de circonstance, tous les vétérinaires ne savent pas leur métier d'inspecteur au même degré; il y en a même, dans certains pays, qui ne le connaissent guère. En supposant tous les inspecteurs également au courant de leur métier, personne ne prétendra qu'ils ont la même conception des viandes à saisir ou à accepter.

L'arrêté ministériel du 28 septembre 1896 a le tort de ne pas définir exactement ce qu'il entend par « *maigreur* », dans son article 1er prescrivant la saisie totale pour tuberculose « accompagnée de maigreur », et de permettre des interprétations par trop disparates à propos de cet état. En voici une preuve parmi tant d'autres : dans un grand abattoir, un inspecteur saisit un jour une vache « *maigre* » affectée de tuberculose assez restreinte, par application de l'article 1er de l'arrêté précité. Deux vétérinaires d'abattoirs importants, consultés officieusement par leur confrère, n'ont pas jugé la bête en état de *maigreur* et l'ont estimée respectivement à 0 fr. 90 et 1 fr. le kilog net. Ces chiffres dépassent de 30 à 40 centimes le prix correspondant des vaches *ayant encore la moelle*, saisies pour tuberculose avec maigreur dans plusieurs abattoirs et estimées 60 centimes le kilog net. Ils indiquent que l'animal était encore passablement pourvu de graisse. Cette appréciation est corroborée par ce fait qu'une vache, dite *bête d'article*, saisie partiellement à l'abattoir d'Orléans pour cause de cancer à la poitrine, avait été vendue 100 fr., soit *25 à 30 centimes la livre* (*Fermier* du 27 novembre 1899). D'autres preuves ne manquent pas pour montrer que beaucoup d'inspecteurs, laissés libres d'agir à leur guise, ont des conceptions différentes en matière de saisie (ladrerie, extrême jeunesse).

En février 1900, un vétérinaire militaire écrit à M. Morot que la codification générale des motifs de saisie s'impose pour les raisons suivantes : dans les abattoirs communaux des villes de garnison, les bêtes tuberculeuses sont visées en ce qui concerne l'alimentation du soldat par l'instruction du Ministre de la Guerre du 4 décembre 1894, et pour la consommation civile par l'arrêté du Ministre de l'Agriculture du 28 septembre 1896. En édictant des mesures différentes à ce sujet, faute d'avoir été appareillés, ces documents obligent deux inspecteurs, le militaire et le civil, également de bonne foi, à trancher dans un sens différent une question foncièrement hygiénique traitée à tort comme une question de cahier de charges.

Dans les grandes villes pourvues de plusieurs inspecteurs, on a vu des viandes, reconnues bonnes par l'un d'eux, être saisies ensuite par un collègue. Une saisie, régulièrement opérée par un inspecteur, peut provoquer la protestation du propriétaire et l'expertise d'un vétérinaire quelconque, compétent ou non dans la matière. Cet expert peut être d'un avis opposé à l'auteur de la saisie, non seulement sur l'état de l'objet du litige, mais aussi sur la suite à donner à la constatation, alors même qu'il y aurait accord sur la nature de celle-ci. M. Morot a vu beaucoup de ces expertises qui lui ont créé de nombreux ennuis dans le cours de sa vie administrative, et qui lui ont laissé une triste opinion du caractère de certains vétérinaires. Les moyens malpropres et déloyaux employés envers lui, sont comparables à ceux qu'un distingué confrère flétrissait dernièrement avec énergie (1).

Un matin, à 6 h. 1/2, à X..., le vétérinaire inspecteur saisit, comme *fiévreux et saigneux*, douze quartiers provenant de taureaux d'environ trois ans, mis à mort la veille dans une *corrida*. Pendant une demi-heure au moins, ces animaux avaient été fatigués à l'extrême, surmenés et maltraités ; ils avaient reçu de nombreux coups de pique, de banderille et d'épée. Aussitôt après la mise à mort, ils avaient été saignés, mais anormalement ; l'habillage avait eu lieu une heure plus tard au minimum. Sur la protestation du propriétaire, trois experts visitèrent huit des quartiers saisis. Ils en rejetèrent deux pour décomposition avancée et déclarèrent les six autres vendables. L'inspecteur critiqua vivement cette décision : selon lui, toutes ces viandes étaient aussi mauvaises les unes que les autres, parce qu'elles avaient été abattues dans les mêmes conditions et soumises aux mêmes influences atmosphériques.

Un règlement des motifs de saisie permet de reduire à néant les accusations injustifiées d'excès de zèle ou de tolérance excessive. Il protège efficacement et met à couvert les inspecteurs, tant qu'ils se conforment à ses prescriptions. C'est une arme précieuse contre les réclamations irrationnelles, comme

(1) A Lucet : Empirisme, charlatanisme et confraternité en vétérinaire. (*Bulletin de la Société vétérinaire du Loiret*, Orléans, 1899. Séance du 3 avril 1898, pp. 28, 37.)

dans le cas suivant. Le 12 février dernier, une importante Société coopérative ouvrière de Troyes présentait à l'inspection un porc abattu hors ville. Cet animal ayant été reconnu atteint de ladrerie étendue, le maigre fut saisi en totalité, puis dénaturé, et le gras fut livré à la consommation, après avoir été fondu à l'abattoir, conformément aux prescriptions du règlement local. Quelques jours après, le Président de la Société coopérative vint se renseigner auprès de M. Morot sur ce fait, parce que plusieurs sociétaires se plaignaient que l'établissement leur livrait du saindoux de porc ladre, et prétendaient que ce produit était malsain. M. Morot rassura immédiatement l'enquêteur, en lui faisant remettre copie de l'article du règlement prescrivant l'utilisation alimentaire du gras — (préalablement fondu) — des porcs ladres.

On dit que l'inspection n'est pas une science, mais un art, et qu'il lui reste encore beaucoup de progrès à faire. C'est une raison de plus pour préférer le règlement au manuel le plus en vogue. Le premier peut être changé à chaque pas en avant, tous les ans par exemple, et même plus souvent. Avec le second, ce n'est pas la même chose ; il faut attendre que le livre soit épuisé pour songer à une réimpression. Voudrait-on que les intérêts des consommateurs et le *modus faciendi* des inspecteurs fussent à la merci, soit des vues commerciales d'un ou de plusieurs éditeurs, soit de la volonté d'un auteur dont l'ouvrage peut être attendu vainement pendant plusieurs années ? En présence de manuels, également très appréciés, mais renfermant des idées différentes en certains points, que fera l'inspecteur indécis, dépourvu d'un syllabus sanitaire ?

Comment expliquer que des anticodificateurs de marque circonscrivent dans des manuels et refusent d'emprisonner dans un règlement la science qu'ils veulent sans limite ? Faudrait-il croire qu'eux seuls ou leurs livres représentent le règlement, à la façon de Louis XIV, disant : « L'Etat, c'est moi ? » Un règlement n'est-il pas nécessaire aux inspecteurs, comme la constitution l'est aux Chefs d'Etat. Pourquoi ceux-là mêmes qui refusent la codification, en invoquant le respect dû aux usages locaux, conspuent-ils les basses boucheries imposées par une coutume immémoriale dans certaines villes ? Il me semble difficile d'excuser tant de tolérance d'un côté, et tant d'intolérance de l'autre. Si les habitudes locales s'opposent à une réglementation, elles doivent être aussi un empêchement à la publication des traités classiques d'inspection, appelés à servir de guides dans toute la France, à moins de faire varier ces manuels avec chaque localité.

Ce qui est véritablement incompatible avec la dignité professionnelle, c'est non point la réglementation des motifs de saisie, mais l'anarchie des conceptions de ces motifs, tant parmi les inspecteurs que parmi les experts. En inspection, les moindres détails ont une importance considérable ; ils doivent être réglés de manière à faciliter le travail et à le rendre moins pénible. En conséquence, profondément convaincu de la nécessité absolue d'une réglementation gouvernementale uniforme des motifs de saisie dans les abattoirs, établie avec des détails très précis et très clairs, M. Morot a soumis la proposition suivante à la Société :

« *L'Etat instituera, dans une loi ou un règlement d'administration publique, une listes des principales maladies contagieuses ou non contagieuses, et des principaux états anormaux, vendant les viandes impropres à la consommation de l'homme.* » (1).

19. Opinions exprimées par différents vétérinaires (professeurs, inspecteurs, etc.) en faveur de la réglementation des saisies

A. — *Opinion de M. Repiquet, vétérinaire inspecteur de l'abattoir de Firminy, 1886*

« La plupart des règlements laissent à la disposition des inspecteurs le soin d'apprécier les maladies et les altérations

(1) Le 1er juillet 1900, la Société des Sciences vétérinaires de Lyon a approuvé la proposition de M. Morot, sur la demande de M. Rabieaux appuyée par MM. Cadéac, Faure et Repiquet. Voici un résumé de la communication faite à ce sujet par M. Rabieaux.

La réglementation des motifs de saisie n'est ni impossible ni incompatible avec la dignité professionnelle. Elle existe déjà dans plusieurs villes, où elle sert plus souvent à appuyer les inspecteurs qu'à les gêner. Un seul règlement pour toute la France produirait le plus d'uniformité possible sans atteindre la perfection ; il ne ferait pas disparaître complètement les divergences entre inspecteurs, mais il en diminuerait le nombre et l'intensité. Ce règlement serait très utile et constituerait un progrès pour l'inspection. Il serait un bienfait pour l'inspecteur, car il le soustrairait aux influences fâcheuses et faciliterait sa tâche. Ce qui est insalubre ici, doit être insalubre là, malgré les usages locaux.

qui doivent entraîner la saisie, de sorte que ce qui peut être vendu ici est saisi ailleurs. La marge laissée à l'inspecteur est trop grande ; il y a là quelque chose comme un empiètement de pouvoir, c'est au maire, qui a seul l'autorité pour cela, de préciser dans le règlement les cas de saisie et à l'inspecteur, qui n'est qu'un fonctionnaire, de se conformer à ce que prescrit le règlement. »

B. — *Opinion de M. Borgeaud, vétérinaire directeur de l'abattoir de Lausanne, 1897* (*Résumé*)

Il est souvent malaisé de déterminer la règle de conduite d'un vétérinaire, en présence d'un animal malade abattu par nécessité, la viande nuisible ne se distinguant pas toujours facilement dans cette circonstance de la viande inoffensive. D'ailleurs, à la campagne, les empoisonnements d'origine carnée sont plus fréquents qu'on ne le croit généralement, car ils ne sont divulgués qu'en cas de mort ou de maladie assez grave pour nécessiter l'intervention d'un médecin. Ayant une très grande responsabilité vis-à-vis des animaux douteux, *les vétérinaires sentent le besoin de recevoir des instructions officielles précises à ce sujet, des indications détaillées sur la marche à suivre. Il ne s'agit pas de leur apprendre leur métier au point de vue médical, mais d'établir les formalités à remplir*. Néanmoins des viandes déclarées consommables par un vétérinaire ont déjà causé des accidents ; ce fait se reproduira probablement encore. L'inspecteur aura alors sa responsabilité couverte, s'il peut prouver qu'il a rempli toutes les formalités légales ayant pour but d'assurer un examen minutieux de chaque cas suspect.

Des instructions déterminant aussi exactement que possible dans quels cas la viande peut être déclarée bonne, suspecte ou malsaine, sont en conséquence nécessaires au vétérinaire. « Celui-ci devra être parfaitement au clair sur la nature de la maladie ayant rendu l'abatage nécessaire et sa déclaration mentionnera cette maladie. » *S'il ne peut formuler un diagnostic précis ou s'il a des doutes sur la nocuité de la viande, il refusera l'autorisation de vente.* Dans ces circonstances, certains ont l'habitude fâcheuse d'autoriser verbalement le propriétaire à faire usage, pour lui et sa famille, de cette viande malsaine ou tout au moins suspecte, qui arrive ainsi à être consommée entièrement avec l'aide des voisins. Il faut donc émettre le vœu : 1° *que les vétérinaires reçoivent du département de l'intérieur des instructions sur la marche à suivre en présence des animaux abattus comme malades ;* 2° *que les articles de l'arrêté cantonal indiquant les cas de saisie soient rédigés d'une manière plus explicite.*

C. — *Opinion de M. G. Mazzini, professeur à l'École vétérinaire de Turin, 1898*

« L'absence d'une loi de police sanitaire en Italie constitue une lacune très regrettable, car l'inspecteur de viandes manque d'un guide sûr pour l'accomplissement de ses fonctions, d'aucuns objecteront que le vétérinaire, inspecteur des viandes, n'a pas besoin d'un règlement pour remplir son mandat, attendu que l'étude de la pathologie comparée lui a donné des connaissances suffisantes pour lui servir de règle claire et précise dans l'exercice de sa mission. On oublie que ce règlement serait non seulement un guide sûr, ferme et uniforme pour toutes les localités, mais qu'il ferait disparaître la discordance des mesures de police sanitaire en vigueur dans ces diverses localités, mesures variant selon les usages et l'appréciation différente des vétérinaires. Il protégerait, en outre, les inspecteurs des viandes dans les conflits qu'ils peuvent avoir avec les bouchers, par suite de l'opposition des intérêts en présence. Il empêcherait ces commerçants d'avoir prise sur les inspecteurs qui, pour sauvegarder la santé publique, pratiquent des saisies sévères et régulières à l'égard des viandes susceptibles de transmettre une affection quelconque. Les exceptions et les récriminations cesseraient à l'avenir, si le vétérinaire pouvait toujours appuyer ses opérations sur le règlement de police sanitaire. En attendant qu'un règlement de police sanitaire donne des règles claires et précises, au sujet de la saisie et de la destruction des viandes susceptibles de nuire à l'espèce humaine, on laisse aux vétérinaires, en raison de leurs études, le soin d'apprécier quand les animaux abattus pour la boucherie ont une moindre comestibilité, quand ils doivent subir une saisie totale ou partielle, quand ils peuvent être débités librement pour la consommation. »

D. — Opinion de M. S. Brusaferro, vétérinaire inspecteur à l'abattoir de Turin, 1899 (Résumé)

La science ne résout pas toutes les questions : on se heurte bien souvent sur le même sujet sanitaire à des opinions contradictoires, qui font agir les uns différemment des autres, au grand préjudice des services d'inspection. La basse boucherie, qui est un complément indispensable de la réglementation de l'inspection, est autorisée en Italie par le décret du 3 août 1890.

E. — Opinion de M. A. Poli, vétérinaire du Bureau d'hygiène de Turin, 1899 (Résumé)

Il importe beaucoup que les inspecteurs de boucherie aient un guide sûr, pour procéder aux saisies totales ou partielles des viandes des animaux soumis à leur contrôle. Trop de confusion règne actuellement partout à ce sujet : le cas admis comme motif de saisie totale dans un abattoir ne l'est pas dans un autre ; il en est de même pour les saisies partielles. L'unification est donc désirable, car ce qui est saisissable dans une localité ne doit point être acceptable dans d'autres, aussi bien en Italie qu'à l'étranger.

F. — Opinion de M. A. Fiorentini, vétérinaire inspecteur de l'abattoir de Milan, 1899. (Résumé)

Il est juste et nécessaire d'établir un accord sûr des motifs de saisie totale ou partielle des viandes dans les abattoirs des divers pays, car il existe encore bien des vues différentes à l'égard des critériums qui règlent ce service.

G. — Opinion de M. le Dr R. Ostertag, professeur à l'Ecole Vétérinaire de Berlin, 1899. (Résumé)

L'ouvrage de Morot sur la réglementation des motifs de saisie est la meilleure preuve que la manière d'agir à l'égard des viandes doit être établie, non par des règlements locaux, mais par des prescriptions uniformes et obligatoires partout. Sans aucun doute, M. Baillet, jusqu'ici si tenace dans son opposition contre cette thèse, ne pourra résister à la force d'une telle démonstration et passera convaincu dans le camp des uniformistes.

H. — *Opinion de M. P. Nogueira, professeur à l'Institut Agronomique et Vétérinaire de Lisbonne, 1899.* (*Résumé*)

C'est un système séduisant à première vue que celui où l'inspecteur n'agit que d'après son libre arbitre, pour chaque cas particulier de la pratique de son service. On perd vite cette illusion dans le cas suivant : Le vétérinaire sanitaire, empêché d'appuyer ses opérations techniques sur un règlement gouvernemental ou municipal, et assiégé par des bouchers qui trouvent ses saisies illégitimes ou injustes, se voit, dans la plupart des cas, déconsidéré, humilié de ce chef, en raison des influences politiques dont disposent ordinairement les riches marchands de bestiaux. La réglementation peut être combattue par des théoriciens, mais elle est soutenue par les praticiens, comme un système commode et juste, plus social et plus humain. Connaissant les difficultés de l'inspection des viandes, que je pratique depuis plusieurs années et dont j'enseigne les principes scientifiques en ma qualité de professeur à l'Ecole Vétérinaire de Lisbonne, j'ose affirmer : 1° *qu'une réglementation complète de ce service est indispensable pour la garantie de l'inspecteur, du boucher et du consommateur comme pour l'honneur de la profession ;* 2° *qu'elle doit être exécutée avec une parfaite harmonie des opérations techniques des inspecteurs des divers abattoirs.*

Rien n'est plus absurde ni plus propre à faire méconnaître la raison d'être et la nécessité du service d'inspection de boucherie, que le fait triste et scandaleux, tant de fois répété, d'un animal refusé avant ou après l'abatage par un inspecteur vétérinaire d'une ville et accepté ensuite par celui d'une ville voisine. Il y a moins d'un an, le vétérinaire de l'abattoir de Porto a reçu un animal qui venait d'être refusé par celui de Coïmbre. Ce manque d'harmonie tient tantôt à l'absence d'un règlement, ce qui livre l'inspecteur à son libre arbitre, tantôt à des différences dans les ordonnances des divers abattoirs municipaux. Il est donc indispensable d'unifier tous les règlements d'inspection sanitaire des abattoirs de chaque pays. On ne peut obtenir ce résultat que par une loi spéciale. Celle-ci manque encore au Portugal, mais son tour paraît prochain.

I. — *Opinion de M. Calleb, 1899.* (*Extrait*)

« Si M. Pion a parfaitement raison d'attaquer la codification s'appliquant à l'âge des animaux de boucherie, à leur sexe, à leur état de graisse, c'est-à-dire à des choses n'ayant qu'un rapport très indirect avec la santé du consommateur, il a complètement tort quand il refuse de laisser codifier, dans ses grandes lignes, l'inspection destinée à garantir la santé publique contre le parasitisme, l'infection ou l'intoxication d'origine alimentaire. Partout la ladrerie doit être combattue de la même manière. La science de l'inspecteur n'a rien à voir avec les goûts des populations; il doit éliminer, sans autre considération, toute viande nuisible à la santé publique et il doit le faire non pas arbitrairement, mais conformément aux données de sa science spéciale, qui ne saurait varier d'une province à l'autre de notre France « une et indivisible ».

M. Moulé a parfaitement raison de ne plus laisser « en butte aux tracasseries administratives l'inspecteur livré à sa seule initiative ». Un juge sans code n'est jamais écouté avec soumission; mais il impose souvent silence aux parties condamnées, quand il leur démontre qu'il est un simple applicateur de la loi. Il existe d'ailleurs une codification sévère de l'inspection des viandes destinées aux troupes et je vous assure que l'Instruction du 4 décembre 1894, est une arme offensive et défensive bien précieuse entre les mains de l'inspecteur militaire. Il est avec elle, tout-puissant contre le boucher récalcitrant et contre la Commission des ordinaires complaisante; sans elle, ses décisions seraient journellement contestées par les parties lésées dans leurs intérêts, ou dans leurs commodités. M. Pion a donc tort de déclarer qu'on ne codifie pas une appréciation d'expert ; on l'a fait pour l'inspection des viandes de troupes, les experts n'ont pas souffert de cette codification, leur autorité et partant leur considération en ont été, bien au contraire, considérablement accrues.

Il faut donc codifier les motifs de saisie, mais ne codifier que les motifs de saisie nécessaires, en laissant aux autorités locales le soin d'ajouter aux motifs scientifiques généraux, les motifs de convenances locales aptes à réprimer les tromperies sur la qualité de la chose vendue : veau trop jeune dans les milieux parisiens, vente de chèvre ou de taureau sans indications spéciales, etc. »

J. — *Opinion de M. Leclainche, professeur à l'Ecole Vétérinaire de Toulouse, 1899.* (*Résumé*)

« Est-il désirable de posséder une nomenclature unique des motifs de saisie ? Cette codification est-elle possible ? » En ces derniers temps l'unanimité était à peu près acquise, quant à l'affirmative. Or, il semble qu'une réaction tend à s'opérer, car la thèse inverse trouve aujourd'hui des défenseurs autorisés. A mon avis, les divergences d'opinions tiennent, en cette occasion comme en bien d'autres, à ce que la question est mal posée. Il n'est pas douteux que les inspecteurs aient un intérêt évident à être fixés par une règle unique sur les indications de la saisie. Les divergences d'appréciation en la matière sont telles, même parmi les hommes compétents, que l'on se demande comment leurs décisions sont encore acceptées. Mais il sera impossible de s'entendre pour autant que l'on n'aura pas abandonné la conception bâtarde actuelle, qui veut que l'inspecteur des viandes exerce un contrôle non seulement sur la salubrité, mais aussi sur la qualité des viandes.

Le but unique de l'inspection doit être de retirer de la consommation les aliments insalubres, c'est-à-dire ceux qui sont capables d'altérer la santé du consommateur. Prétendre aller plus loin est un leurre. L'inspecteur n'a pas plus à assurer à l'acheteur la qualité d'un morceau qu'il n'a à en vérifier le poids. Il doit être hygiéniste et non policier. Pourquoi saisir des viandes maigres ou saigneuses ? En a-t-on le droit d'ailleurs, et les arrêtés municipaux qui ordonnent cette saisie ne constituent-ils pas des abus de pouvoir?

C'est aux hygiénistes qu'il faut demander la liste des motifs de saisie. En dehors des infections communes à l'homme et aux animaux, on commence à connaître les effets nocifs des viandes en nombre d'affections. L'inspecteur des viandes doit appliquer ces données et s'efforcer de recueillir des documents nouveaux. Sans doute il lui est permis souvent de procéder par induction, et il n'est point nécessaire d'attendre que la morve ait été transmise par ingestion, pour saisir un animal morveux Mais comme il serait facile d'obtenir un accord sur les bases indiquées. Faut-il ajouter encore que l'inspection doit être conservatrice et que tous les procédés capables d'assurer « l'assainissement » des viandes doivent êtré utilisés.

M. Morot s'est montré très réservé dans la liste des saisies qu'il propose et je l'en félicite grandement. Il est peu probable, malgré tout, qu'elle réunisse tous les suffrages et elle risque de mécontenter par sa modération les intransigeants des deux camps. »

K. — *Opinion de M. Laho, professeur à l'Ecole Vétérinaire de Cureghem, Bruxelles, 1899*

M. Laho rappelle qu'il a pris position dans la question, dès 1893, en réclamant la réglementation uniforme des saisies. (Voir *C. R. du Congrès Vétérinaire de 1897*, p. 146 et *Morot. Rapport sur la réglementation des motifs de saisie.* In-8. 1899, p. 121.)

L. — *Opinion de M. Kvatchkoff, vétérinaire, ex-inspecteur des viandes en Bulgarie, 1899. (Résumé)*

M. Morot a produit des arguments irréfutables à l'appui de sa thèse. Cependant malgré les vœux de l'Académie de Médecine et des Sociétés Vétérinaires, l'uniformité si désirée de la réglementation des motifs de saisie n'existe pas encore en France, où la législation sanitaire marche avec une lenteur incomparable. La Bulgarie plus avancée la possède depuis 1894, malheureusement sans application la plupart du temps.

M. — *Opinion de M. P. Coremans, vétérinaire inspecteur de l'abattoir d'Anderlecht-Bruxelles, 1900*

« En ce qui concerne la réglementation uniforme des motifs de saisie pour chaque pays, nous nous rallions complètement à la manière de voir de M. Morot. Cette réglementation existe déjà dans plusieurs pays et notamment en Belgique où elle fonctionne depuis 1891. Cette organisation peut être recommandée à la condition d'être étudiée à fond : aussi, applaudissons-nous à l'idée de la nomination d'une commission compétente telle que la propose M. Morot. Cette manière de procéder aurait pour avantage d'éviter les tâtonnements qui se produisent quand on édicte des mesures insuffisamment étudiées et non inspirées par un esprit d'ensemble. »

N. — *Opinion de M. le professeur Lanzillotti-Buonsanti, directeur de l'Ecole Vétérinaire de Milan, 1900.* (*Résumé*)

Morot réclame une liste gouvernementale des motifs de saisie des viandes. Sa proposition est contrecarrée par quelques vétérinaires français, qui nient l'utilité d'une réglementation uniforme pour l'inspection des viandes. La question reviendra cette année au Congrès Vétérinaire de Paris, et Morot triomphera pleinement car la cause qu'il soutient est juste. Ce sujet a été traité dans les Congrès vétérinaires de Bologne (1879) et de Milan 1881, sur l'initiative du professeur Lanzillotti-Buonsanti ; elle y a été combattue par plusieurs vétérinaires. Le décret du 3 août 1890 a tranché le différend en Italie. On espère qu'après l'approbation de la loi de police sanitaire italienne, il y aura pour les motifs de saisie un décret plus complet et plus précis.

O. — *Opinion de M. L. Reggiani, vétérinaire, directeur de l'abattoir de Vérone, 1898*

« En Italie, les vétérinaires inspecteurs n'ont pas tous aujourd'hui une ligne de conduite égale, car l'élasticité d'interprétation accordée par le chapitre II du décret du 3 août 1890 permet à certains d'élargir ce règlement et d'en dépasser par trop les limites, à d'autres de l'appliquer rigoureusement, à d'autres d'en restreindre les bornes. Ils doivent pouvoir exercer leurs fonctions sans hésitation comme sans ménagement, et conséquemment ne pas laisser vendre de viandes insalubres. Ce résultat ne peut être obtenu qu'au moyen d'un accord sur les critères réglant l'action de l'inspecteur sanitaire. Il faut aussi pour cela que l'uniformité d'action soit imposée par des prescriptions législatives plus précises que celles d'aujourd'hui, alors on pourra dira : partout la loi est également appliquée. »

P. — *Vœu du Congrès Vétérinaire de Turin sur la réglementation des viandes, 1898*

Au Congrès Vétérinaire de Turin 1898, après lecture du rapport de M. Reggiani d'où sont extraites les lignes précitées, M. Deleidi, vétérinaire inspecteur de l'abattoir de Côme, fait remarquer que la législation sanitaire en vigueur est dépourvue de caractères précis et exacts, susceptibles d'une juste application aux viandes de basse boucherie. Sur sa proposition, le Congrès émet le vœu que ces dispositions législatives soient corrigées et modifiées, de manière que les ordonnances locales puissent être rédigées partout suivant des règles uniformes. Sur la proposition du professeur Perroncito, une commission composée de six vétérinaires inspecteurs d'abattoirs est chargée par le Congrès de rédiger pour toutes les communes italiennes un projet de règlement unique sur l'inspection sanitaire et le meilleur usage des viandes de basse boucherie.

Q. — *Opinions de MM. les vétérinaires-inspecteurs d'abattoirs : Dr Edelmann (Dresde), G. Kjerrulf (Stockholm), et A. Postolka (Vienne). Congrès Vétérinaire de Baden-Baden, 1899.*

Dr Edelmann. Une réglementation uniforme de l'inspection des viandes est nécessaire ; une entente internationale à ce sujet serait difficile, mais elle est désirable.

G. Kjerrulf. « Le mode d'inspection doit être partout le même, d'après des prescriptions uniformes. Dans les Etats, où l'inspection des viandes relève des autorités communales, il n'est pas rare de voir telle viande jugée bonne pour le consommation dans une commune, confisquée dans une autre comme malsaine. Il en résulte que la population des endroits où le régime est tolérant, est exposée à se voir offrir et vendre des viandes bien inférieures à celles que peuvent se procurer les habitants d'un lieu où le régime est plus sévère. Cette anomalie jette, sur l'institution même, un discrédit qui retombe sur les vétérinaires-inspecteurs et nuit au prestige de toute la corporation. Pour ces raisons, il est indispensable que dans chaque Etat le service de l'inspection des viandes soit régié par une loi... Les règlements locaux sur l'inspection doivent être partout conformes à la loi, laquelle doit, s'il est possible, être la même dans tous les Etats. »

A. Postolka. Après la mise en vigueur de la loi sur les aliments en Autriche, une Commission a été chargée de créer un Code alimentaire autrichien. Ce règlement pourrait, après entente préalable avec d'autres commissions de ce genre, aboutir à un Code alimentaire international. Un pareil résultat est très désirable.

R. — *Opinion de M. le professeur G. Barrier (d'Alfort). Congrès international d'hygiène, Paris, 1900*

L'inspection des viandes doit être instituée d'après des principes et des prescriptions uniformes pour échapper à l'arbitraire présent, soit dans le sens d'une sévérité inutile, soit dans celui d'une tolérance dangereuse.

S. — *Opinion de M. Campi, vétérinaire à Pieve del Cairo en Lomeline (Italie).*

« Quelles maladies provoquent la saisie totale des animaux ? Il est compréhensible qu'une bête refusée pour tuberculose à Turin et à Gênes, soit acceptée à Milan. Il ne peut être question d'appréciation et d'usage à ce sujet. En se basant sur les coutumes locales, il serait toujours licite en Lomeline de débiter : 1° des animaux morts-nés ; 2° des veaux morts à peine après la naissance ; 3° des veaux morts étiques à la suite de gastro-entérite très souvent infectieuse ; 4° des vaches mortes sans pouvoir véler en proie à une fièvre très forte, après un jour ou deux de parturition laborieuse et de traitement *ad hoc ;* 5° des vaches transformées en squelettes par la fièvre vitulaire ou la métrite due à la rétention de l'arrière-faix putréfié ; 6° des vaches rendues étiques par la tuberculose généralisée. Toutes ces infractions à la loi sanitaire se commettent journellement. »

20. — Réponse de M. Morot à la lettre de 1898 de M. Baillet

Contrairement à M. Baillet, j'admets : 1° que la nécessité de la saisie en cas de pyémie, mort naturelle, étisie, cachexie, ladrerie, viandes fiévreuses, doit être apprise à des confrères, car il en est qui n'en ont cure ; 2° qu'un règlement peut indiquer en quelques mots les motifs de saisie désignés en plusieurs pays dans un traité classique d'inspection. Si M. Baillet repousse la codification, pourquoi estime-t-il avec M. Leclerc « qu'en matière de saisie ce n'est pas la volonté d'un fonctionnaire qui est en jeu, mais bien l'obligation qui est imposée *soit par les lois et décrets concernant la matière,* soit par les données scientifiques sur lesquelles les vétérinaires ont aujourd'hui des connaissances acquises *absolument identiques et indiscutables* » ? Quelle différence fait donc notre honorable confrère de Bordeaux entre les lois ou décrets cités par lui, et la réglementation générale des cas de saisie que nous voulons obtenir du Gouvernement sous forme de loi ou de décret ? Comment admet-il, si réellement les vétérinaires ont des connaissances absolument identiques, que Paris saisisse des porcs faiblement ladres acceptés à Bordeaux ; que les veaux soient reçus à 15 jours à Ste-Menehould, à 21 à Vitry-le-François, à 30 à Troyes, à 35 à St-Mihiel, à 40 à St-Quentin, à 42 à Auxerre, à 50 à Oran, à 60 à Draguignan ; que le tétanos entraîne la saisie totale dans certaines villes à un degré quelconque et dans d'autres seulement en cas de généralisation ou d'altérations musculaires évidentes ? L'utilisation des prétendues connaissances identiques n'est guère uniforme, on l'avouera. J'en conclus qu'il faut fixer, non la science ce qui serait une chimère, mais son application en matière de saisie.

A la rigueur M. Baillet permet à une municipalité, mais non à un Congrès, d'imposer une liste de saisies. Il ne songe pas que loin de revendiquer cette prérogative, le Congrès de 1897 a réclamé une codification arrêtée par l'Etat. Et la dignité professionnelle, que devient-elle dans cet abandon d'un droit dont les communes pourront user en se passant du concours des vétérinaires? En outre je m'étonne de voir M. Baillet, antireglementariste et partisan du libre arbitre des techniciens, s'écarter de la logique pour sacrifier la science au Code en repoussant toute discussion sur les viandes tuberculeuses, sous prétexte que l'arrêté ministériel de 1896 en aurait fixé définitivement le sort, comme si nos connaissances à ce sujet étaient arrivées à leur *summum*. Une pareille tactique ne tiendrait-elle point à ce que cet arrêté bienveillant aurait apporté à M. Baillet un soulagement « aux angoisses et aux ennuis que lui suscitait une réglementation sévère? »

En somme, notre honorable confrère de Bordeaux réclame avant tout une inspection tranquille, un placement de tout repos pour chaque inspecteur. Ce résultat, favorable aux vétérinaires et aux éleveurs, donnera-t-il satisfaction aux consommateurs dont les intérêts ne sont pas adéquats en la circonstance? Il est permis d'en douter. A mon avis, il faut des arguments d'un ordre plus élevé pour préconiser la modération des saisies; il est nécessaire de faire autre chose que du sentiment en faveur de certains intéressés aux dépens d'un tiers.

En 1889, au Congrès Vétérinaire de Paris, un membre s'exprimait ainsi : « Je dois avouer qu'*en homme pratique j'applaudis hautement* à la rédaction de l'arrêté ministériel du 28 juillet 1888, qui sert de règle aujourd'hui aux vétérinaires-inspecteurs de boucherie en matière de tuberculose. L'auteur de ces paroles était M. Baillet lui-même qui adorait publiquement ce qu'il devait renier non moins publiquement en 1898. Que de changement en une période aussi courte! La louange au début, l'anathème à la fin! Même pour les arrêtés ministériels, la Roche Tarpéienne succède au Capitole. En 25 ans, le libre arbitre a inspiré à M. Baillet des opinions bien dissemblables à l'égard des viandes tuberculeuses : En 1873, il voulait « *avant tout une règle de conduite pour les inspecteurs de boucherie* » et il manifestait des angoisses fort différentes de celles de 1898. Alors il frémissait à l'idée de concourir, pour une part quelconque, à la transmission de la tuberculose aux consommateurs de viande. Il lui paraissait difficile en principe d'admettre une différence sur le plus ou moins de tuberculose d'un animal. Il voulait qu'on saisît tout animal, *même gras*, porteur « de quelques points tuberculeux dans l'un des 4 quartiers, soit au sein des ganglions lymphatiques, soit sur les plèvres, soit à la surface du péritoine. Comme les bouchers lui trouvaient « la *main* » très dure, M. Baillet écrivait au Maire qu'il considérerait comme non avenues, les réclamations relatives à des saisies d'animaux tuberculeux, quelle qu'en fût la provenance.

En 1885, au Congrès vétérinaire de Paris, M. Baillet déclare que l'importance des *intérêts en jeu* exige la plus grande circonspection à l'égard des chairs d'animaux tuberculeux. D'après lui, les difficultés d'appréciation de ces viandes s'opposent à une réglementation uniforme et invariable des motifs de saisie. On ne peut admettre, dit-il, comme le réclame M. H. Bouley, la confiscation des sujets « affectés de tuberculose généralisée ou de l'envahissement d'une grande étendue du poumon et des plèvres, soit enfin de l'envahissement du péritoine et du système ganglionnaire abdominal, même avec des viandes de belle apparence. » Cette manière d'agir créerait des situations difficiles aux municipalités et aux inspecteurs, soulèverait des protestations énergiques de toute la boucherie, provoquerait des complications entre bouchers et éleveurs. Il existe de nombreuses expériences négatives d'inoculation ou d'ingestion de chair tuberculeuse, sans compter que les idées des maîtres sont encore un peu vagues sur la question. Les inspecteurs doivent s'en inspirer pour user de sagacité et de prudence, pour se borner à saisir, d'après les indications du Dr Vallin au Congrès d'hygiène de La Haye en 1884, « les animaux atteints de tuberculose confirmée, généralisée, *avec amaigrissement commençant.* » A Bordeaux, on ne saisit que les animaux tuberculeux « dont *l'état de maigreur* dénote un envahissement général du sujet par l'élément perfide » ; on se contente de supprimer — pour les autres — les parties envahies par les tubercules et de conserver celles qui n'ont pas encore été atteintes (1). M. Baillet opère ainsi depuis 13 ans parce que ce procédé ne froisse pas les grands intérêts agricoles et commerciaux, parce que l'état actuel de la science ne permet pas d'affirmer la contagiosité de la tuberculose bovine à l'homme.

En 1888, au premier Congrès de la tuberculose, M. Baillet soutient à peu près la même thèse. Il est sûr qu'aucun inspecteur ne laisserait consommer une viande dont la virulence tuberculeuse serait certaine ou simplement soupçonnée, mais il n'attribue à cette chair qu'un rôle relativement secondaire dans la transmission de la tuberculose. D'après lui, la saisie des animaux gras tuberculeux pousserait les commerçants mécontents à ne pas pourvoir à l'approvisionnement des abattoirs, rendrait intolérable la situation des vétérinaires de ces établissements et serait préjudiciable aux services d'inspection des viandes sans aucun avantage pour la santé publique.

M. Veyssière combat au même Congrès les conclusions de M. Baillet, comme antiscientifiques et dangereuses au point de vue de l'hygiène publique. Il critique vivement les inspecteurs qui ne croient pas au péril des viandes tuberculeuses, ou qui n'y croient point assez pour rompre avec la routine et pour délaisser les questions commerciales quand il ne s'agit que d'un sujet de pathologie comparée. Il leur reproche d'exagérer l'importance des troubles commerciaux, en nous en faisant un véritable épouvantail.

Quoi qu'en dise M. Baillet, les inspecteurs ne seraient pas amoindris par une réglementation officielle qui leur imposerait la saisie des viandes ladres, fiévreuses, étiques, etc., ou alors il faudrait admettre que la loi sanitaire de 1881 les a diminués, en leur ordonnant de saisir les viandes charbonneuses, enragées, etc. M. Trasbot a déclaré au Congrès de 1897 qu'aucun inspecteur ne laisserait consommer un cheval morveux (P. V. p. 106). Rien ne prouve qu'il en serait toujours de même, si le législateur n'avait mis son *veto* sur les chairs des animaux atteints de morve.

(1) A Bordeaux, la tuberculose entraîne annuellement 15 à 20 saisies totales et pas plus de 20 saisies partielles, sur 21 à 22 mille têtes de gros bétail, 1885-1888.

Mon honorable confrère de Bordeaux repousse la réglementation des saisies, parce qu'il reste encore beaucoup de points à élucider dans la pathologie animale. Pour interdire la consommation des viandes charbonneuses, a-t-on attendu la découverte du *bacillus anthracis* (Davaine 1863) et les recherches ultérieures sur ce parasite (Koch, Pasteur, Toussaint et Colin 1876-1880)? Consommait-on des chevaux morveux à Paris ou à Bordeaux, avant la détermination du microbe de la morve (Blanchard, Capitan et Charin en France, Lœfflor et Schuetz en Allemagne 1882)? En 1873, c'est-à-dire bien avant la divulgation du bacille de Koch connu seulement en 1882, M. Baillet lui-même n'était-il point un partisan acharné de la saisie totale des animaux tuberculeux ? Les règlements de la police sanitaire elle-même sont antérieurs à toutes ces découvertes ; ils s'appliquent même à la fièvre aphteuse dont on ne connaît pas encore très exactement la nature.

En 1878, alors que l'inspection des viandes était déjà une branche vétérinaire *un peu* connue, MM. H. Bouley et Nocard n'ont pas hésité à indiquer les viandes saisissables. En 1880, alors que les obscurités de l'inspection n'avaient pas diminué sensiblement, M. Baillet a suivi l'exemple de ces auteurs et on ne saurait trop l'en féliciter.

Dans ses divers plaidoyers, mon honorable confrère de Bordeaux n'a pas donné une seule preuve sérieuse de l'inanité de la réglementation des motifs de saisie. Il lui reste encore à démontrer l'inutilité d'apprendre à des confrères, par voie de règlement, qu'ils ne doivent point laisser consommer des viandes septicémiques, pyémiques, crevées, fiévreuses, cachectiques, étiques et ladres. Il lui est impossible de le faire, puisque bien des viandes de ce genre sont vendues avec des autorisations vétérinaires. Il proteste contre l'énumération des grains de ladre, bien qu'il ait déclaré antérieurement y avoir eu recours. Est-il donc si difficile de compter de 1 à 20 ? N'est-ce pas plus exact de fixer de cette manière le degré de la ladrerie, que de l'établir sans base sérieuse, par à peu près ? Ce dernier système permet d'estimer peu ladres des porcs qui seraient jugés très ladres ailleurs. Il rappelle l'estimation des distances dans le Morvan : « Vous avez encore une lieue à faire, » répondent invariablement les paysans questionnés — à des points différents — sur le chemin à parcourir par un voyageur effectuant un parcours de 6 à 8 kilomètres.

Il ne faut pas, dit M. Baillet, astreindre à une réglementation des professionnels qui scientifiquement sont égaux. Cela me remet en mémoire la fine réponse d'un de nos maîtres, bien connu par son amabilité et son talent, à un confrère praticien lui disant au cours d'une discussion animée qu'il était vétérinaire comme lui : « Vous êtes vétérinaire, oui ! comme moi, non ! » Malheureusement l'égalité n'est pas de ce monde ; elle manque aussi bien chez les vétérinaires que chez les médecins, les ingénieurs, etc. Bien plus le même inspecteur n'est pas toujours égal à lui-même ; il suffit pour cela qu'il ne se tienne pas au courant de la science, qu'il néglige son service, qu'il souffre moralement ou physiquement, que son tempérament soit influencé par la maladie, le froid ou le chaud, etc. Mais si l'égalité ne peut exister parmi les inspecteurs, elle doit se montrer dans l'inspection. Il faut que celle-ci soit identique dans la mesure du possible au lieu d'être diverse, parfois fantaisiste ou capricieuse. Elle est depuis trop longtemps l'image d'une tour de Babel avec ses multiples parlages. Il importe de la symboliser non par un morceau de caoutchouc susceptible d'être tiraillé en tous sens et de s'adapter à toutes les fluctuations, mais par un bloc de marbre incompressible à respecter jusqu'à son remplacement officiel.

Parmi les raisons nécessitant la réglementation uniforme des motifs de saisie, il en est une principale que j'ai indiquée dans les termes suivants dans la *Semaine Vétérinaire* du 9 juillet 1899. « Les contre-expertises ridicules, souvent déloyales et parfois légalement répréhensibles, toujours possibles en l'absence de réglementation gouvernementale des saisies, engagent bien des vétérinaires municipaux dans les départements à être plus tolérants qu'ils ne le voudraient et qu'ils ne devraient. En agissant autrement, ces fonctionnaires s'attireraient des histoires et compromettraient leur situation, lorsque les municipalités dont ils dépendent sont disposées à faire bon accueil aux experts incompétents ou complaisants, à ménager une coterie de bouchers influents au point de vue électoral. Voilà pourquoi certaines viandes inspectées en province sont saisies aux Halles centrales à Paris. »

A proprement parler, M. Baillet me paraît craindre non la réglementation d'une façon générale, mais une réglementation qui changerait ou gênerait ses habitudes. Il y voit plutôt une affaire personnelle qu'une question de principe. Il ne combat l'uniformité que par esprit de conservation de ses idées de tolérance ; au fond il accepterait très bien une réglementation anodine calquée sur ses vues propres, par exemple celle proposée par lui au Congrès de 1889. Les codificateurs n'ont pas ces préoccupations : ils réclament l'uniformité des saisies quelle qu'elle soit, sans s'inquiéter de savoir si en l'instituant le Gouvernement décrétera la modération ou la rigueur dans les saisies. Ce qu'ils veulent avant tout, c'est que l'anarchie ne préside plus dans nos Abattoirs à la réception ou à l'exclusion des viandes des animaux de boucherie sacrifiés en vue de l'alimentation humaine.

21. — Nouvel article de M. Baillet contre la réglementation des motifs de saisie (« Répertoire Vétérinaire » du 15 juillet 1900), Réponse de M. Morot.

Notre honorable confrère de Bordeaux trouve cette réglementation inapplicable aux viandes foraines, parce qu'il est parfois impossible de préciser la nature de l'affection provoquant l'exclusion de la consommation. En outre, dit-il, « ce n'est pas parce que l'on aura décrété que telle ou telle maladie entraîne la saisie d'une viande, que l'on aura indiqué le degré que doit avoir atteint cette maladie pour donner à la viande des propriétés plus ou moins nuisibles à la santé des consommateurs. » Un règlement ne peut apprendre à quel degré la cachexie, la maigreur, le surmenage exigent la confiscation des animaux.

Je m'étonne de voir raisonner ainsi un collègue autorisé en inspection, l'auteur d'un ouvrage justement estimé où sont indiqués les motifs de saisie des viandes foraines comme des viandes d'abattoirs. En déclarant que les inspecteurs sont dans l'impossibilité d'apprécier le degré mentionné à l'égard de ces différents cas par une prescription officielle, M. Baillet se trouve dans cette singulière situation, ou de faire bien peu de cas du jugement des inspecteurs qui adoptent une ligne de conduite en s'appuyant sur son traité, ou de n'accorder qu'une faible valeur aux préceptes de ce manuel classique : Voilà, à la vérité, une argumentation peu flatteuse pour la science de l'inspection, aussi bien que pour les aptitudes des inspecteurs; elle les place en bien vilaine posture devant le public.

Quoi ! des professionnels, sauront d'après un traité d'inspection qu'ils doivent saisir lors de cachexie avancée, de maigreur extrême (où les animaux *n'ont pas la moelle*), de surmenage caractérisé par l'odeur aigrelette d'une viande noire autant que poiseuse, et ils seront embarrassés par un règlement ordonnant la saisie à ce degré de cachexie, de maigreur ou de surmenage. Quoi ! des auteurs, même quelconques, sans aucun mandat officiel, auront le pouvoir d'indiquer les cas de saisie aux inspecteurs, et cette faculté sera refusée à l'Etat sanctionnant des dispositions établies par un comité scientifique officiel. Quoi ! il sera impossible à des inspecteurs compétents d'interpréter un règlement de saisies à l'aide d'un manuel d'inspection. Une pareille opinion est l'expression d'un particularisme exagéré, inadmissible dans un pays ou personne n'est *censé* avoir le droit d'agir hors la loi.

Contrairement à ce que prétend M. Baillet, il est facile aux inspecteurs de se soumettre à une règle légale des saisies, au lieu de vouloir faire eux-mêmes la loi. M. Laborie, vétérinaire départemental de la Haute-Garonne, en donne une preuve très bien exprimée dans les lignes suivantes, relatives à la viande des animaux tuberculeux et extraites de son rapport sur les épizooties pour 1894 : « Le service sanitaire n'a pas à s'inspirer des doctrines — soumises, hélas ! à tant de changements — qui préparent péniblement la découverte de la vérité. Il ne doit connaître que les règlements et poursuivre leur exécution, c'est ce qui a été fait dans le département par les vétérinaires sanitaires et *par ceux qui ont la surveillance ou la direction des abattoirs publics. Ces vétérinaires ont pratiqué la saisie totale ou partielle des animaux tuberculeux, d'après l'étendue plus ou moins considérable des lésions ; par conséquent, ils se sont rigoureusement conformés à l'article 11 du décret du 28 juillet 1888.)*

Au nom de l'égalité, M. Baillet blâme les vétérinaires qui font l'apologie des viandes malades dénaturées par la stérilisation et le salage. Il n'en a pas le droit, car ces confrères ne réclament la vente, avec déclaration aux acheteurs après l'une ou l'autre de ces opérations, que pour des viandes d'animaux tuberculeux ou ladres que notre honorable collègue veut faire vendre à l'état cru à tout le monde sans distinction, mais aussi sans avis préalable. Ce procédé est peut-être fort égalitaire, mais il manque de sincérité. M. Baillet connaît certaines villes où le vétérinaire inspecteur, qui préconiserait l'institution des basses boucheries, « *ne recueillerait que mépris et suspicion* ». Ces villes seraient bien mal inspirées, à mon avis, si elles témoignaient de tels sentiments aux agents sanitaires ne voulant livrer certaines viandes défectueuses à la consommation qu'après assainissement, avec déclaration spéciale aux consommateurs, et si elles réservaient leur estime aux vétérinaires laissant vendre de pareilles viandes sans *assainissement* préalable, comme sans déclaration des vendeurs aux acheteurs. La gratitude des propriétaires de ces sortes de viandes envers des partisans de semblables tolérances est naturelle et explicable, mais elle ne le serait nullement de la part de consommateurs; sinon ceux-ci auraient l'estomac plus complaisant que reconnaissant.

M. Baillet persiste à admettre la suffisance de l'épluchage pur et simple des porcs faiblement ladres. Pense-t-il que les cysticerques, ayant conservé leur vitalité en dépit de l'épluchage auquel ils ont échappé, soient incapables de se transformer en ténias dans l'intestin de l'homme? A la vérité, pour justifier son système, il prétend que la saisie ou la salaison des sujets faiblement ladres « n'ont d'autre résultat que de nuire au commerce, tout en substituant à l'empoisonnement de la ville l'empoisonnement de la campagne », parce que ces mesures éloignent des marchés des villes les porcs ladres qui sont alors abattus dans les villages et mangés par les ruraux. Il préfère l'épluchage, « au moins jusqu'au jour où les services d'inspection des viandes fonctionneront aussi bien à la campagne qu'à la ville ».

M. Baillet me paraît pousser ses préoccupations sanitaires un peu loin, trop loin même, en dehors de la ville où il exerce ses fonctions d'hygiéniste. Pourquoi s'inquiète-il, à ce point, des conditions d'insalubrité de gens assez insouciants pour accepter d'être exposés aux empoisonnements alimentaires, par la faute des municipalités irrespectueuses des lois sanitaires ? Il me semble que le principal soin d'un vétérinaire communal consiste à assurer la salubrité alimentaire de la ville, où il remplit ses fonctions et dont il reçoit un traitement à cet effet, au lieu de chercher à protéger hygiéniquement les habitants des communes voisines au détriment de ses concitoyens.

Voici le résumé des conclusions de M. Baillet : l'institution des services d'inspection des viandes ne pourra vivre et s'accroître dans l'estime publique, qu'autant que le vétérinaire saura s'affranchir de toute réglementation, capable de l'abaisser au lieu de le relever dans l'esprit des populations. Cette réglementation, qu'il est impossible de délimiter d'une façon absolue, est susceptible de faire commettre des erreurs d'autant plus grosses, qu'elles s'abriteront sous le couvert de la loi ou de règlements officiels. Marcher sans lisières est, pour les inspecteurs, le seul moyen « de prouver qu'ils sont *quelqu'un* et qu'il y a lieu de compter avec eux comme avec des hommes instruits, indépendants, ne relevant que de leur conscience et veillant de leur propre initiative sur la santé des populations. »

Voilà de belles paroles assurément, mais sans portée pratique. Dans vingt ans, quand la réglementation uniforme des motifs de saisie sera un fait accompli depuis longtemps, on s'étonnera à juste titre qu'une pareille question ait pu être combattue comme elle l'a été de 1884 jusqu'à ce jour. Alors nos successeurs, qui n'auront aucune raison de se passionner pour un principe définitivement admis, comprendront aisément que l'allongement démesuré de la discussion était dû à la haute autorité du principal opposant, plutôt qu'à la solidité de la thèse si opiniâtrement défendue par notre honorable confrère de Bordeaux.

Après l'arrêt du Congrès, si M. Baillet trouve que le délai de vingt ans est trop éloigné, il lui restera la faculté de soumettre au plus tôt le litige à l'arbitrage de deux grands corps savants dont il fait partie : l'Académie de Médecine et la Société centrale de Médecine vétérinaire. Il pourra même le porter devant l'Assemblée générale de septembre du Syndicat central des vétérinaires inspecteurs de boucherie, où se trouveront certainement de nombreux collègues attirés à Paris par le Congrès et l'Exposition Universelle.

TROISIÈME PARTIE

Résumé et conclusions

Il existe actuellement deux modes de saisie des viandes impropres à la consommation.

L'un, absolument personnel, dépend exclusivement du libre arbitre exercé par le vétérinaire d'abattoir, d'après ses seules connaissances scientifiques et pratiques. Cet agent sanitaire remplit ainsi une mission comprenant trois objets successifs :

1° L'inspecteur se fait lui-même une conception des lésions et des états anormaux rendant la viande impropre ou non à la consommation ; 2° il s'assure dans quel sens les lésions ou les états anormaux qu'il a constatés rentrent dans la conception précédente, c'est-à-dire s'ils comportent la mise en consommation ou s'ils entraînent la saisie ; 3° il donne à sa conception et à sa constatation un résultat : la vente ou la confiscation de la viande.

L'autre mode de saisie, tout à fait impersonnel, est limité par des textes réglementaires, mentionnant les lésions ou les états anormaux, motivant le retrait total ou partiel des animaux de l'alimentation. L'inspecteur ne possède alors qu'une mission à double objet ; il n'a plus à concevoir lui-même ce qui est bon ou mauvais, puisque cette conception est indiquée par un règlement. Il ne lui reste qu'à constater si le cas qu'il a devant lui répond à cette indication réglementaire, et à appliquer la prescription, c'est-à-dire à laisser consommer ou à saisir.

Comme on a pu le voir dans la seconde partie de ce travail, les deux façons de pratiquer les saisies ont chacune leurs partisans et leurs adversaires. La plupart de nos confrères sont actuellement ralliés au principe de la réglementation uniforme adopté par le Congrès de 1897. Le Comité d'organisation du Congrès de 1900 a jugé utile de remettre la question sur le tapis, car il désire obtenir une solution définitive, en dépit des quelques protestataires qui ont vainement tenté de lui barrer le chemin jusqu'ici. Aux yeux de ce petit clan d'obstructionnistes. chaque inspecteur de boucherie tient de sa fonction le droit d'être maître de ses décisions, pourles divers cas de sa pratique journalière. Il jouit de la liberté de saisir ou de ne pas saisir d'après ses seules connaissances et sa conscience. Il possède en un mot la faculté d'instrumenter suivant la formule : *Car tel est mon bon plaisir.*

C'est en somme un pouvoir sans limite que veulent s'attribuer certains princes de l'inspection. Les prérogatives d'un roi constitutionnel ne leur suffisent point ; ils réclament la puissance d'un monarque absolu, les privilèges d'un autocrate. Ils ont comme mot d'ordre la maxime du jurisconsulte Tribonien : *Princeps solutus est legibus* (le prince est affranchi des lois). Ils suivent la devise : *Si veut le roi, si veut la loi*, que d'anciens légistes français ont adoptée avec le sens que *toute volonté du roi doit être reçue et obéie comme une loi.*

Il me semble au contraire que les vétérinaires inspecteurs devraient imiter certains empereurs romains, qui réduisaient leur pouvoir : *Nos enim volumus obtinere quod nostræ leges volunt* (nous voulons ce que veulent les lois). Théodose et Valence n'ont-ils point proclamé, avec infiniment de raison, qu'il est digne de la majesté du prince d'avouer que sa puissance est enchaînée par celle des lois, en pensant qu'il ne doit jamais perdre de vue que de l'autorité des lois dépend la sienne propre.

In legibus salus. Telle est là formule que j'ai adoptée, avec le développement suivant : la réglementation uniforme des motifs de saisie des viandes dans les abattoirs est la sauvegarde à la fois des producteurs, des commerçants, des consommateurs et des inspecteurs.

En conséquence, j'ai l'honneur de soumettre à l'approbation du Congrès les propositions suivantes :

1° Le Congrès vétérinaire français de 1900 cherchera, par

tous les moyens possibles, à obtenir une réglementation générale uniforme des motifs de saisie des viandes impropres à l'alimentation humaine.

2° Le Congrès demandera que cette réglementation fasse partie du règlement d'administration publique, destiné à compléter la loi du 21 juin 1898 sur le Code rural.

3° Cette réglementation comprendra une liste des principales maladies contagieuses ou non contagieuses et des principaux états anormaux des animaux, rendant les viandes impropres à la consommation de l'homme.

4° Dans les cas morbides ou anormaux non prévus par la liste des motifs de saisie, il appartiendra au vétérinaire inspecteur de s'appuyer sur ses opinions particulières et son expérience personnelle, conformément aux données de la science, pour prendre une décision dûment motivée.

5° Le Congrès présentera au Gouvernement le projet de nomenclature des motifs de saisie adopté par ses membres et le priera de le soumettre à l'examen d'une Commission spéciale, composée de deux membres du corps enseignant de chacune des trois Ecoles vétérinaires (y compris le professeur d'inspection des viandes), et de six vétérinaires inspecteurs des viandes, laquelle déposera à bref délai un rapport détaillé à ce sujet.

Ch. MOROT.

AVIS

Un index bibliographique et des documents complémentaires seront placés à la suite de ce rapport dans le volume du Congrès.

L'auteur a dû renoncer à contrôler les corrections sur la seconde épreuve, pour accélérer la publication de ce rapport. Ce contrôle aura lieu pour les exemplaires du volume du Congrès.

INFORMATIONS DIVERSES

Messieurs les adhérents et trésoriers des Sociétés qui n'ont pas encore effectué les payements des cotisations ou souscriptions au Congrès, sont instamment priés d'adresser un *mandat-poste*, du montant de la somme, à M. le Dr Moreau, trésorier du Congrès, 280 rue Vaugirard à Paris.

Le talon du mandat-poste tiendra lieu de récépissé.

***

Logement des Congressistes pendant la durée du Congrès

Un confrère, membre du Congrès, signale tout particulièrement à l'attention des Congressistes l'*Hôtel de Cluny*, *21, boulevard Saint-Michel à Paris.*

Les membres du Congrès pourront trouver à se loger à cet hôtel, situé à proximité du boulevard Saint-Germain et de l'Hôtel des Sociétés Savantes aux conditions suivantes :

2e étage.	Une chambre avec grand lit, par jour	6 f.		
	— deux lits, —	6		à 8 f.
3e et 4e étage	Une chambre avec grand lit, par jour	4		à 5
	— deux lits, —	6		à 8
5e étage.	Une chambre avec un lit, par jour	3	50	à 4
	— deux lits, —	6		

Messieurs les Membres du Congrès qui ont tous reçu la liste des adhérents, sont priés de faire connaître les inexactitudes qui auraient pu se produire dans cette liste en ce qui concerne les adresses ou l'orthographe des noms, la désignation exacte des délégués, des États, départements ou villes qui se font représenter au Congrès et enfin les noms des Présidents et Secrétaires des Sociétés représentées au Congrès.

Adresser ces rectifications à M. le Dr Moreau, 380 rue de Vaugirard à Paris.

Le Gérant : AILLOT

Angers, imp. Lachèse et Cie, Schmit et Siraudeau successeurs. — 2061.

www.ingramcontent.com/pod-product-compliance
Ingram Content Group UK Ltd.
Pitfield, Milton Keynes, MK11 3LW, UK
UKHW012207240726
13966UKWH00002B/624

9 782011 915603